流域非点源污染优先控制区识别方法及应用

陈 磊 沈珍瑶 等 著

中国环境出版社·北京

图书在版编目（CIP）数据

流域非点源污染优先控制区识别方法及应用/陈磊
等著. —北京：中国环境出版社，2014.11
ISBN 978-7-5111-2092-2

Ⅰ．①流…　Ⅱ．①陈…　Ⅲ．①流域污染—污染控
制—研究　Ⅳ．①X52

中国版本图书馆 CIP 数据核字（2014）第 229049 号

出 版 人	王新程
责任编辑	宋慧敏
责任校对	尹　芳
封面设计	彭　杉

出版发行　中国环境出版社
　　　　　　（100062　北京市东城区广渠门内大街 16 号）
　　　　网　　址：http://www.cesp.com.cn
　　　　电子邮箱：bjgl@cesp.com.cn
　　　　联系电话：010-67112765（编辑管理部）
　　　　　　　　　010-07112738（管理图书出版中心）
　　　　发行热线：010-67125803，010-67113405（传真）

印　　刷	北京中科印刷有限公司
经　　销	各地新华书店
版　　次	2014 年 11 月第 1 版
印　　次	2014 年 11 月第 1 次印刷
开　　本	787×960　1/16
印　　张	14.75　彩插 20
字　　数	282 千字
定　　价	58.00 元

前　言

　　工农业的发展以及城镇化的加快导致我国流域（区域）水环境污染问题越来越突出。据最新监测数据，2013 年，十大水系的 469 个国控监测断面中，Ⅰ～Ⅲ类、Ⅳ～Ⅴ类和劣Ⅴ类水质断面比例分别为 71.7%、19.3% 和 9.0%，主要污染指标为化学需氧量、五日生化需氧量和总氮。与此同时，追求更好的生活质量对环境保护工作提出了更高的要求，其中水环境质量改善是重中之重。"十二五"规划中明确提出要"加快发展现代农业，推广清洁环保生产方式，治理农业面源污染"。可以说，流域水环境质量的改善已成为关乎我国社会经济又快又好发展、人民生活水平提高的关键，是国家重大需求。

　　非点源污染指溶解的和固体的污染物从非特定的地点，在径流冲刷作用下汇入受纳水体（包括河流、湖泊、水库和海湾等）引起的水体污染。非点源污染的发生具有随机性，污染源分布具有广泛性，污染物排放时间及途径具有不确定性，且污染负荷时空差异性大，防治较为困难。由于非点源污染的上述特性，因此难以在全流域范围内全面开展治理。因此，在明确非点源污染状况的基础上，识别流域内非点源污染的优先控制区，为非点源污染治理提供地点选择的科学依据，是非点源污染控制的前提和基础。

　　近年来，我们在国家杰出青年科学基金"流域水污染控制"（No.51025933）、国家创新研究群体科学基金"流域水环境、水生态与综合管理"（No.51121003）、环保公益性行业科研专项经费项目"三峡库区农业非点源污染特征及控制技术研究"（No.200709024）等共同资助下，在已经开展的流域非点源污染机理与污染负荷确定的基础上，进一步结合非点源污染空间分布特征、流域上下游特征以及综合考虑对评估点的贡献,力图建立一套相对完整的流域非点源污染优先控制区识别方法。

本书具体安排如下所示:第1章对非点源污染优先控制区的相关概念、流程以及技术方法进行了系统总结。第2章侧重于传统的优先控制区识别技术,重点探讨了基于污染流失风险和污染产生量的识别方法及其具体应用。第3章针对非点源污染排放的特定位置,引入了排放负荷的计算方法和排放标准的确定方法,提出了基于污染排放量的识别方法。第4章在考虑对水环境影响的基础上,引入了马尔科夫链理论,将流域上下游关系和污染物迁移过程概化为矩阵运算,构建了基于污染贡献量的识别方法。第5章根据流域水环境管理的特点,提出了新的优先控制区识别思路,最终形成了一套完整的优先控制区分级方法。第6章对优先控制区的技术体系以及应用领域进行了总结和展望。

本书由沈珍瑶、陈磊组织写作,各章写作分工如下:

前言　　　沈珍瑶

第1章　沈珍瑶　陈磊

第2章　陈磊　初征　沈珍瑶

第3章　陈磊　黄琴　沈珍瑶

第4章　陈磊　沈珍瑶

第5章　陈磊　沈珍瑶

第6章　陈磊　沈珍瑶

参加本书写作和资料整理的还有阎铁柱、侯晓姝、谢晖、刘瑾、邱嘉丽、钟雨岑、王国波、吕关平、魏国元等。全书由沈珍瑶、陈磊统稿。

由于作者水平所限,定有不当之处,欢迎批评指正。

目　录

1

优先控制区概述

1.1 非点源污染概述

1.1.1 非点源污染来源

我国社会经济的高速发展和人民群众生活水平的提高对环境保护提出了更高的要求，其中水环境质量改善是重中之重。显然，高效的水环境管理是在现有的技术条件基础上，对水体污染的成因和污染源分布进行判断，并在此基础上对主要污染源采取有效的控制措施。目前，水环境的主要污染源包括了点源污染（Point Source Pollution）和非点源污染（Non-point Source Pollution）两大类（Karr and Scholosser，1978）。其中，点源污染指污染物通过市政污水处理厂和工业排污口（管道）直接进入受纳水体，其污染具有稳定性、集中性、强度大等特征。而非点源污染则指地表积累的各种污染物质，随着降雨（或融雪）所产生的地表径流、土壤侧向水或地下水最终迁移进入受纳水体所造成的污染（李明涛等，2013）。非点源污染的典型发生方式是降雨径流污染，此外还包括废物堆放区的废液下渗和大气沉降等。根据美国《清洁水法》修正案的描述，非点源污染往往是广域的、分散的、微量的形式；因而，相对于点源污染而言，非点源污染物往往会随地表和地下径流在环境中进行更为复杂的迁移和转化，因此其危害规模更大，防治也更困难。

通常，非点源污染的起因是降雨、融雪或灌溉过程中，由于突然的扰动而引起流域中土壤颗粒、氮磷、农药及其他有机或无机污染物质借助地表径流、灌溉系统和地下渗漏等途径而大量地进入水体造成的污染（Caruso，2001）。与之相对应的，主要的非点源污染来源包含了种植业、养殖业、城市地表径流和生活污水等四部分，在此对各种污染源进行简单的介绍。

（1）种植业源

由于长期使用化学肥料、农膜、农药等物质，污染物在农业系统中大量残留，直接影响土壤生态系统的结构和功能，导致土壤生产力下降，造成农产品质量下降和农作物减产，从而对水环境、食品安全和农业可持续发展构成威胁。在我国，随着大量化肥等化学品的加入，有机磷和有机氮对水环境造成了较为严重的污染，其中总氮的流失主要来源于种植业，而农业源的总磷流失（排放）则由种植业、畜禽养殖业和水产养殖业三部分组成。

通常而言，农业非点源污染的流失量和肥料输入量是成正相关关系的，即施肥量越大，化肥流失风险将加大，对水环境的影响也会加剧。从污染流失的角度，土壤氮污染流失以地表径流损失为主，淋溶损失相对较少；除此以外，土壤氮素也随着反硝化过程转化为气体而损失掉。相对而言，土壤中的磷元素更容易被固定，转变为不溶性或缓效磷，而可溶性磷则容易与土壤中的铁、铝氧化物和水化物、层状铝硅酸盐、碳酸钙以及钙、铁、铝等发生沉淀反应和吸附反应，因而磷元素更容易随土壤侵蚀发生迁移损失。常见的对非点源污染贡献较高的作物主要包括谷物、油料、豆类、棉、麻、蔬菜、花卉、茶、果类及中药材的种植等。

（2）养殖业

由于我国畜牧养殖特征，大量畜禽粪便并没有经过处理便任意排放。畜牧动物粪便中含有的病毒等污染物质很容易经雨水冲刷、地表径流、灌溉水地下径流等途径最终进入河流、湖泊，尤其是粪便中的抗生素残留物更会对水环境和土壤环境造成严重的污染。另外，养殖场中，用来冲洗圈棚的污水，在我国通常也并未经过处理，直接被排放到水环境中，从而对水环境质量构成直接威胁。

从国外的经验来看，畜禽养殖污染主要来自于规模化畜禽养殖场，而我国畜禽散养的模式，决定了养殖业污染主要来自于养殖小区和养殖散户等。猪、奶牛、肉牛、蛋鸡和肉鸡的存栏量、饲养阶段、饲养周期等都会对畜禽污水的产生量造成影响；而清粪方式、粪便和污水处理利用方式则会影响粪便和污水的排放量及排放去向。另外，水产养殖由于大量饲料、肥料等投入，养殖水体中的残饵排泄物、鱼药残留物、氮磷污染以及其他有机或无机物质将大幅增加，给流域水质、底质以及生物带来影响，如不加以控制必然将破坏流域水环境。

（3）城市污染源

城市的高速发展带给人们方便、快捷的生活，也伴随着大量林地的消失、人口的过度集中、不透水面比例的迅速增加。传统的城市发展方式对自然水文循环的改变导致了城市径流量的增加、径流流速峰值的升高、峰值时间的提前和水环境的退化。同时，降雨径流能携带和迁移多种化学物、重金属石油产品、沉积物和人类、动物粪便污染物。降雨径流作为城市非点源污染的主要来源，含有许多与疾病暴发、水生生物毒性效应和水环境质量下降相关的污染物，被广泛认为是人类和生态系统健康的潜在威胁。尤其在目前我国城市普遍面临内涝频发等状况下，城市雨水与溢流的污水混合在一起，给人们的身体健康构成威胁。人类与各种病原微生物接触有可能引发急性肠胃疾病、呼吸道疾病、皮肤疾病、耳部感染、眼部不适等症状。

（4）其他生活源

农村生活污水、生活垃圾的产生、处理、利用、排放也是流域水环境的重要污染源。农村生活污染源主要为居民洗涤、做饭、淋浴污水，人和家畜的粪便，有机和无机垃圾等。目前，我国大部分农村并未建立集中的污水处理设施及排水系统，农村生活污水除地表截留外一般就近流入溪流或山涌，对河流造成直接的污染。另外，农村餐厨垃圾、人畜粪便等污染物除部分被土壤截留、植物吸收以及自然降解外，也会随地表径流流失，从而造成严重的流域水环境问题。主要生活源污染物指标为氮、磷；另外，研究生活污水径流的化学物质和病毒微生物，将对流域水环境健康的保护至关重要。

不同的非点源污染源界定如表 1-1 所示。

表 1-1   主要非点源污染来源及其污染物的界定

分类		污染物来源
种植业	地表径流	硝态氮、铵态氮、总氮、总磷以及 1～2 种农药
	地下淋溶	硝态氮、铵态氮、总氮以及 1～2 种农药
畜禽养殖业	污水	化学需氧量、铵态氮、总氮、总磷、铜、锌
	固体废物	总氮、总磷、铜、锌
水产养殖业	进入自然水体中的化学需氧量、总氮、总磷、铜、锌	
农村生活污染源	污水	化学需氧量、氨氮、总氮、总磷
	固体废物	总氮、总磷
城市地表径流	雨水管网前的地表径流	微生物、重金属等

1.1.2   非点源污染控制的必要性

研究表明，流域非点源污染物主要包括泥沙、营养盐（氮、磷）、重金属、病毒等，其来源通常包括农田土壤表层中的化肥、农药，城市地表的重金属或其他颗粒物。从流域水环境管理的发展来看，20 世纪六七十年代国内外主要着眼于点源污染排放对河流水环境的影响，不大关注城市街道、建筑工地、农业生产和农村生活的降水径流污染。但从 20 世纪 80 年代后期开始，国内外已逐渐关注降雨径流所导致的非点源污染。就目前来看，非点源已成为了世界范围内地表水与地下水污染的主要来源。地球表面水体中的 30%～50% 已不同程度上受到非点源污染影响，全世界退化的 12 亿 hm² 耕地中约 12% 由农业非点源污染引起。在美国，非点源污染已经成为水环境污染的第一因素，80%的河流与湖泊受非点源污染影响，其中 60%的地表水环境污染事件起源于非点源污染（USEPA，2003）。在欧洲，过量的施用化肥导致德国部分河流的磷浓度达 0.2 mg/L，已超过其对应的水环境浓度限制；荷兰农业非点源输出的氮、磷污染负荷分别占污染物总量的 60%和 40%～50%；奥地利北部地区进入水环境的非点源氮负荷量远比点源大；丹麦国内的 270 条河流中，94%的氮负荷、52%的磷负荷来自于非点源的贡献；瑞典西海岸的拉霍尔姆湾，60%的氮污染输入来自于农业活动，而对于南部的谢夫灵厄流域，来自农业的氮污染输入则高达污染排入总量的 84%～87%（Delgado and Scalenghe，2008；Haidary et al.，2013）。

我国的非点源污染问题也日益严重。研究表明，富营养化已成为我国大型淡水湖泊中最主要的水环境问题，63.6%的河流、湖泊存在各种程度的富营养化（夏敏等，2013）。第一次全国污染源普查结果表明，农业生产排放的氮、磷分别占我国河流污染物总量的 57%和 67%。在太湖、巢湖和滇池流域，由于人口密集，农业生产集约化程度高，流域总氮、总磷负荷比二十年前提高了十倍以上，其中 50%以上的污染负荷是由农业活动贡献的（李明涛等，2013）。安徽省调研结果表明，非点源污染已成为区域水环境污染的主要因素，其中仅农业活动即贡献了非点源污染总量的 60%～80%。可以说非点源污染已逐渐超越点源污染，成为导致我国河流、湖泊水体水质恶化的主要污染源，进而成为制约我国社会经济可持续发展的重要因素。

当今，世界各国已经逐渐意识到非点源污染，尤其是农业非点源污染的严重性和形势的紧迫性，纷纷开展了流域非点源污染防治。而目前我国还处于非点源污染控制技术的储备阶段，相关实践才刚刚开始，亟需建立一套流域非点源污染防治的技术体系，从而指导我国非点源污染防治的实践工作。由于受到气候、下垫面特征和人类活动等多种因素的影响，流域内非点源污染的来源和排放具有间歇性和随机性，污染负荷的时空变化幅度大，如何从流域整体开展非点源污染治理已成为国内外关注的热点和难题。通常而言，非点源污染的形成过程复杂、机理模糊，分布范围广、影响因素多，排放时间、排放数量和排放途径具有不确定性，潜伏周期不定且危害大，污染负荷时空差异性显著等，使得非点源污染的研究与控制有较大的难度。对非点源污染的研究是当前水环境研究和水污染控制实践的难点和热点之一，寻求一种经济、简便、科学、高效的流域非点源污染的最佳控制途径已成为当务之急。

1.2　优先控制区概述

1.2.1　优先控制区研究的重要性

　　一般而言，当有害物质在空间分布上和持续时间内足以危害人和生物界的生存与发展，即称该空间单元为重点污染源。对于点源而言，重点污染源主要包括流域内排污较高的重点行业、重点工业、重点工厂等。与之相对应的，由于非点源污染发生的广泛性和区域性，水环境污染的产生总是由流域大范围内的多个空间单元共同作用造成的。通常，受气候、水文、地形、土壤、土地利用和管理方式等众多因素的影响，非点源污染空间变异性强，流域内各空间单元的污染负荷差异显著。根据已有研究成果，就流域整体而言，少数区域输出的污染物往往占据全流域污染负荷的绝大部分（Kovacs et al.，2012）。非点源污染优先控制区即指流域内对水环境质量有着决定性影响的敏感区域。显然，由于非点源污染存在显著的空间差异性，且非点源污染控制措施需要投入大量的人力、财力、物力，因而在制定非点源污染防治规划时，并非一定要在全流域实施全面治理（Rao et al.，2009）。相反，识别出流域内的污染高负荷区，再根据各区的污染发生风险顺序，将治理重点和有限的资源投入到流域内污染负荷最高且对水体危害可能性最大而范围相对较小的敏感地区和地段，优先加强管理措施并安排治理工程的布局，则可以提高投资效益并节约土地资源，大大降低污染控制工作的难度，更好地实现预期的治理目标，协调人类开发活动和环境保护工作之间的矛盾。可以说，优先控制区识别已成为流域非点源污染控制的核心理念和关键所在。在制定流域水环境污染控制方案时，按照优先次序依次治理对水环境最不利的污染源，已成为国外流域非点源污染控制的基本思路（Qiu，2009）。

　　此外，从控制措施的角度，非点源污染控制往往需要结合小尺度微景观变量或工程措施，如河岸带植被生态系统、滞留池或人工湿地等，来减少或削除农业生产等人类活动带来的影响和危害（李明涛等，2013）。优先控制区使得非点源污染控制更有针对性，如减少农田生态系统的化学品投入是控制非点源污染的有效方法，但这一措施往往会以牺牲农产品的产量为代价，因而难以大面积推广；而建立植被缓冲区、树篱等绿色廊道和湿地等生态工程措施则需要占有一定数量的土地资源，亟需寻找出非点源污染产出的关键区域进行相对集中的污染控制（沈珍瑶等，2012）。美国等发达国家将基于优先控制区的污染控制措施设置方法称为靶标定位法。研究表明，在优先控制区内布设管理或工程等污染控制措施可更有效地削减流域非点源污染，实现流域水环境的保护。可以说，明确非点源污染优先控制区并从管理的角度进一步探讨影响污染输出的关键因素，可以使控制措施有的放矢，从而为流域非点源污染控制提供更为有利的视角。

从我国现行的重点污染源调查技术来看，工业源等各类点源污染往往是在多年环境统计工作的基础上开展的，重点污染源相关指标的选择、解释乃至计算方法是与现行的环境统计资料是一致的。因此，在工业源和生活源大口径一致的前提下，基于国内现有的污染源普查数据和各级别环保部门日常管理所掌握的数据，更容易获取点源污染重点污染源的分布地区和行业情况，更重要的是点源污染也是相对容易控制的。然而，农业种植业、畜禽养殖、农村生活等非点源污染源尚未纳入我国的常规环境统计中，且国内独特的种植业生产模式、畜禽养殖场污染排放方式和农村生活污染特征也使得优先控制区识别往往需要关注不同的调查范围、计算方法以及识别技术。这大大加剧了非点源污染优先控制区识别的难度。本书正是在这种背景下编著的，为广大读者提供合理的优先控制区识别方法也是作者编著本书的初衷。

1.2.2　基本流程

流域非点源污染的重点区域，其空间分布往往是与流域气候特征、自然地理环境、社会经济发展状况等紧密相关，其影响因素往往是众多且错综复杂的。只有全面而重点地了解非点源污染源的各种特征值，如污染物的种类、数量、性质及其时空分布规律，才有可能真正实现非点源污染的有效控制和科学管理，从而达到防止水环境污染、保护流域自然环境的目的。从这一根本目的出发，非点源污染优先控制区识别的基本流程，不仅包括了流域系统污染物质的产生过程，即污染源的时空分布特征，也包括了汇水区系统与水环境系统的结合部，即污染物的排放特征。如果从受纳水体环境的角度，还应该包括污染物从流域系统排放到水环境系统特定位置的部分，即污染物在水环境中的迁移转化特征。只有把整个流域当成一个系统来研究，才有利于将汇水区系统和水环境系统有机地结合在一起，把环境损益和社会效益统一起来，进而促进环境保护与区域社会经济的同步发展。图 1-1 简明地揭示了非点源污染发生的过程和对环境污染的认识与控制过程。

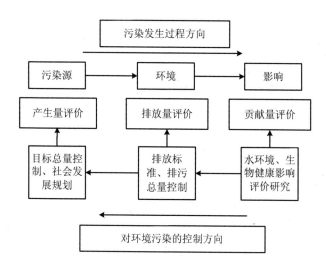

图 1-1   非点源污染发生过程及其对应的管理方案

与之相对应的是，优先控制区识别也可简要地划分为基于污染发生过程、基于污染排放过程和基于污染影响三部分。因此优先控制区识别也包括了三层内容，一是在整个流域内识别出非点源污染发生风险高的区域，即关键源区的识别；二是量化各污染物的排放量，圈定流域内对水环境污染影响较大的地段和部位；三是评估受纳水环境的响应，以采取针对性的调控措施，提高投资效益和治理成效，达到事半功倍的效果。其中有效的污染源调查、非点源污染空间分布核定、关键源区识别以及评估标准确定是优先控制区识别的基础，也是优先控制区识别的一般流程。相关流程如图 1-2 所示。

该流程包括 5 个主要步骤：①根据各空间单元内的污染源特征开展资料收集整理，这里应包括污染源强的核定，收集的资料应满足非点源污染时空分布估算方法的准确性和数据的合理性、有效性，从而实现与优先控制区的对应。②进一步评估地表水通量以及污染物进入受纳水体的途径，并以此核定非点源污染时空分布特征，编制污染物的排放清单，为优先控制区识别提供基础。③根据污染物在流域的迁移转化过程，核定、调查或估算各空间单元的污染物产生量、排放量、贡献量，识别流域内的主要污染源。④根据研究目的选择合适的评估标准和评估方法，在此基础上开展优先控制区识别。⑤基于优先控制区内非点源污染的关键影响因素，选择合适的污染控制措施，在此基础上完成流域非点源污染控制方法的编制。对该流程的前 2 个步骤在此作简要说明，第 3 个步骤和第 4 个步骤是本书的重点，具体内容可见本书的 2～5 章。第 5 个步骤从略。

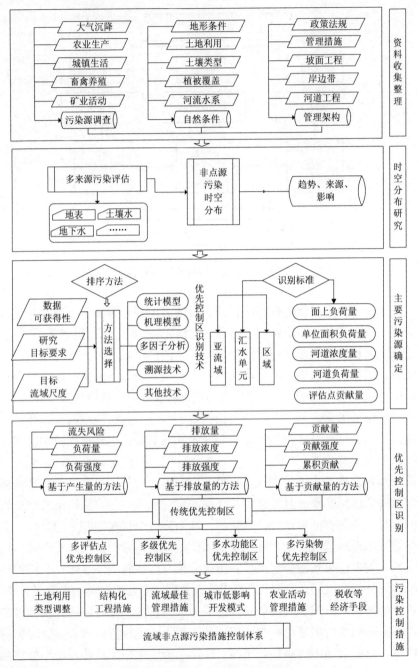

图 1-2　流域非点源污染控制的基本流程

　　传统的污染源调查技术主要集中于污染物排放总量的核查，不仅获得的信息量不足，同时也经常忽略污染物排放总量的空间属性特征、排放途径和路径调查部分，因此难以满足非点源污染优先控制区识别的需求。与点源污染最大的不同是，非点源污染优先控制区需要将流域内各水文单元作为具有空间属性的矢量来处理，需要强调污染源和汇水区的关系。因此，在开展资料收集的时候，需要根据各空间单元的汇水区特征，对各汇水单元内的污染源特征、产污信息、排污特点进行调查。以流域内的种植业和畜禽养殖业为例。

　　种植业：根据《全国农业污染源普查技术规定》，采用抽样的方式调查流域内农户的种植方向、耕作方式、排水去向等；肥料名称、有效成分以及含量、施用量、施用方法和流失情况等；农药的有效成分及其含量、施用量、施用方法和流失情况等；粮食作物（谷类和豆类）和经济作物（棉花和油菜）秸秆的产生量、丢弃量、田间焚烧量、还田量、饲料利用量、燃烧利用量、堆肥利用量、原料利用量等。

　　畜禽养殖业：调查猪、奶牛、肉牛、蛋鸡和肉鸡等的养殖基本情况，包括养殖品种、养殖模式、养殖水体、养殖类型、养殖面积/体积、养殖品的投放量及产量、废水排放量及去向、水体交换情况、换水频率、换水比例等；投入品使用情况包括饲料名称、主要成分及含量、使用量，肥料名称、主要成分及含量、施用量、使用方法，渔药名称、主要成分及含量、施用量、施用方式等。

1.2.3　识别技术

　　优先控制区识别需要综合考虑源因子、迁移过程、流域水环境等多种因素。直接进行实地监测是一种有效的评估方法，但由于流域内污染源、污染流失以及传输途径的时空异质性，该方法在大尺度区域几乎无法应用，这就需要在大尺度流域优先控制区识别过程中，建立一些替代的评估方法（Wengrove and Ballestero，2012）。传统的优先控制区识别方法大概可分为以下四种。

　　（1）基于污染流失风险的识别方法

　　此类方法是将影响非点源污染输出的关键因素作为独立的观测变量，量化不同影响因素对非点源污染形成的相对贡献大小，并以定性或半定量的信息指出流域非点源污染形成中的敏感地区和非敏感地区。本方法的重点是将优先控制区识别转化为一个多属性评价问题，综合分析影响污染物流失的主要因子，通过对各因子分级赋值并赋予不同的权重，以数学关系综合成一个多因子判别模型，最终对流域内的污染优先控制区进行识别（Ghebremichael et al.，2013）。

在此类方法中，首先需要收集研究区背景资料及现场实测资料、数据，根据研究区特征筛选、确定与非点源污染物流失关系最密切的因子作为评价指标；其次需要建立分类指标体系，根据各个指标的调查资料确定权重与等级值；再次根据精度要求与资料条件，采用空间离散化方法将研究区划分为性质相近、面积较小的地理单元，对地理单元内的各项参数指标进行量化识别；然后根据土壤性质、所在单元与河道或湖泊的距离、地形坡度以及土地利用方式等特征，建立非点源污染指数模型，量化各空间单元内非点源污染物的流失风险；最后在流域非点源污染流失风险指数图的基础上，根据污染指数将所有空间单元进行排序，最终圈定出那些污染发生风险较高的空间单元作为优先控制区。

目前的流失风险评估方法包括了归一化植被指数（Normalized Difference Vegetation Index，NDVI）、地形指数法、磷指数法（Phosphorus Index，PI）和农业非点源污染潜力指数系统（Agricultural Pollution Potential Index，APPI）等。对于污染流失风险评估而言，可采用相应的识别方法来评价研究区域非点源污染的敏感性，按照一定的比例（如10%）识别出风险排序较高的空间单元作为流域非点源污染的优先控制区。通常而言，归一化植被指数在大尺度流域应用时会有较大的误差；多因子分析中，磷指数法只针对磷污染，而APPI充分考虑了影响磷污染的源因子和迁移因子，但这种以影响因素为基础的排序是相对的，对应的非点源污染物削减方案通常是定性或半定量的，且未考虑污染源对受纳水体的影响，模拟时间步长为年，不利于流域污染控制方案的制定。

（2）基于污染负荷产生量的识别方法

此类方法是根据污染物产生量对污染源直接排序，如果某区域的污染物产生量超过一定阈值即将该空间单元识别为优先控制区。非点源污染源时空分布评估是此类方法的前提和基础，因此时空分布的评估结果将直接决定优先控制区识别结果的可靠性。目前，针对非点源污染及其影响因素的研究主要集中于流域层面。研究表明，流域尺度上的非点源污染时空分布规律往往受到土地利用、地形结构、河网结构、河道迁移等因素的影响，而小尺度优先控制区往往与田间微地貌、土壤、植被、降雨以及土地资源配置、耕作方式、土壤侵蚀、化肥投放量等因素有关。由于受气候、土地利用、土壤、植被覆盖和人类活动等多种因素影响，非点源污染的变化是随机且具有不确定性的，加之人类对自然界客观规律认识的模糊性和不精确性，导致非点源污染时空分布评估结果存在着一定的不确定性，这也加大了优先控制区识别的难度。

目前模型评估技术是国内外最为通用的优先控制区识别方法（Shang et al.，2012）。基于此原理的主要方法包括了机理模型和统计模型两大类。当资料较为充足的时候，可采用非点源污染机理模型来描述降雨径流、土壤侵蚀、污染物坡面迁移等过程，主要代表模型包括 CREAMS、ANSWERS、HSPF、AGNPS、SWAT、BASINS；而当资料不充足的时候，分析各类景观及集水区特征与地表水污染物浓度之间的关系，确定各类土地利用中单位面积或单位时间的污染物输出系数，建立污染物输出与地块特征的相关函数，主要代表模型包括输出系数法、PLOAD 模型等。但在流域尺度模型中，流域水文过程和水土侵蚀过程往往被简化或均一化，导致对小尺度的产污单元往往考虑不够充分。

（3）基于污染物排放量的识别方法

在现行的重点污染源调查中，流域决策者更关注污染源的排放量。理论上，这对点源污染是合适的。点源污染通常指污染物通过市政污水处理厂和工业排污口（管道）直接进入受纳水体，其污染特征具有稳定性、集中性、强度大等特征。与此同时，市政污水处理厂的逐渐普及使得点源污染得到了极大的控制。通常，非点源污染是指地表积累的各种污染物质，随着降雨（或融雪）所产生的地表径流、土壤侧向水或地下水最终迁移进入水体所造成的污染（李明涛等，2013）。与点源污染不同，并非所有的非点源污染源都会对受纳水体造成污染。事实上，污染物从产生源头至目标水体的输移过程中，会因为蒸发、渗漏、沉降、降解等过程产生衰减，最终仅有部分进入目标水体。因此在污染源估算和时空分布评估的基础上，接下来的重点是对各空间单元的污染排放量进行核算。由于非点源污染物的种类、排放时间、排放量和排放途径具有不确定性和分散性，因而流域水环境问题通常是由多个空间单元的污染流失造成的（Wei et al., 2013）。只有全面而重点地了解非点源污染排放（流失）特征，才有可能实现非点源污染的有效控制和科学管理，从而协调经济发展和环境保护等目标（Qiu, 2009）。目前的重点污染源调查更多沿袭的是点源污染的调查方法，这对非点源污染是不完全适用的。而我国种植业、畜禽养殖、农村生活污染排放方式独特，也亟需构建一套基于排放量的非点源污染优先控制区识别技术。

在点源污染控制的主要技术环节中，容易测量的是污染物的入河总量，流域、区域层面的监测对象也是污染物入河的浓度和总量，但在非点源污染的核算环节中，由于其入河方式的不同，通常需要根据不同类型污染物的排放方式和特征，通过排放量估算、调查以及不同水期的排放量对比，系统分析各空间单元内污染物产生总量和入河总量之间的对应关系，最终形成考虑非点源污染特征并相对完整的流域污染物排放总量和入河总量核定的技术体系。

（4）基于污染物贡献量的识别方法

现阶段，非点源污染是导致水环境污染的主要来源；而由于河流、湖泊、海域等水体的水动力条件不同，其自净能力差别很大；即使排污量相同，各水体污染状况的差异也甚明显。在我国，非点源污染的纳污水体包括了江河、湖泊、人工沟渠、水库、近岸海域、渗入地下等多种类型。归纳起来可分为纳污水系、纳污湖泊及其他三大类。而从各水系整体来看，长江水系及南方诸水系，水量丰富，径流量大，河流主干自净能力较强，污染程度削减较快；长江以北诸水系，总的来说属于水资源缺乏区域，特别是一些中小河流，径流量小，河流自净能力差，这些水体特征对于污染贡献量评估都很重要。非点源污染的传输具有明显的区域特征，污径比等概念与基于贡献量的优先控制区分布从理论上是相吻合的。因此，就研究方法而言，如何将不同尺度的污染源和流域水环境演变相结合是优先控制区识别研究中亟待解决的问题。

理论上，各空间单元的污染贡献量取决于污染源的时空分布和水环境的水动力条件两大因素以及相互的影响。传统的污染源贡献识别大多通过水体高污染段解析，揭示污染源与河流断面水质的定性、定量或半定量的关系，从而解析出各类污染源对受体的贡献值，进而识别出流域内对水体水环境起关键作用的敏感区域（Grimvall and Stalnacke，1996）。此类方法属于传统的技术方法，大体包括了实验监测和模型模拟两大类，其中实验监测主要为溯源技术，而模型模拟则主要包括了河流水质模型技术。目前，亟需量化流域内具有水文关联的各空间单元对水环境断面污染负荷的影响，从而计算出与水环境系统有关的污染源贡献量，并构建一套基于非点源污染贡献量的优先控制区计算方法。

（5）可值得进一步研究之处

目前，优先控制区识别大体上可分为两种思路，一是在整个流域内识别出非点源污染发生风险高的区域，二是根据污染负荷产生量圈定景观中最易产生污染物的地段和部位，再根据区内的实际情况，安排治理工程的布局，采取针对性的调控措施，以便提高投资效益和治理成效，达到事半功倍的效果。目前，国外关于非点源污染流失风险的研究大多基于考虑自然因素对非点源污染的影响，对人为因素的影响考虑相对较少（初征，2008）。但由于我国特殊的农村人畜粪便排放以及化肥的使用特征，人为因素在非点源污染研究中具有重要意义，是造成农村非点源污染最直接的原因（任霖光等，2005）。因此，在我国的优先控制区识别过程中，人为因素也占有不可忽视的重要地位（丰江帆和吴勇，2008）。考虑到大中尺度数据的缺失情况，如何区分自然因素和人为因素的影响，从全流域的尺度识别优先控制区是目前国内非点源污染研究的热点和难点。

传统的优先控制区识别方法大多根据污染物产生量或排放量对各空间单元进行排序，如果某区域的污染物产生量或排放量超过一定阈值即将该污染源识别为优先控制区。传统方法的局限性在于假设各单元排放的污染物在河道中的迁移过程是相同的,流域水环境风险与污染源排放(产生)量呈线性关系。然而,研究表明污染源的输出量和流域水环境演变往往呈非线性关系,导致基于传统方法的流域污染控制通常难以达到预期效果(Munafo et al.,2005)。另外,也有研究是以亚流域出口断面为基准,并将其污染物负荷或浓度超过标准的亚流域识别为优先控制区。由于忽略了上下游关系和污染物的河道累积过程,导致此类方法识别出的优先控制区主要集中于流域出口附近;对于全流域而言,基于此类优先控制区的非点源污染控制往往不是高效的削减方案(Grizzetti et al.,2005)。

目前基于污染物流失风险和负荷产生量的识别技术方法较多,但基于污染排放量和污染贡献量的识别方法较少。受到可获数据、区域特征以及研究目标的限制,每种方法可能都会在具体应用过程中受到一定的限制;通常而言,采取何种识别方法主要取决于研究目的及资料的可获得性,如何在众多方法中挑选出性价比最高的方法,这正是编著本书的主要目的之一。

1.3 本书章节安排

目前尚未有研究将各种优先控制区识别方法进行对比分析,导致传统的优先控制区识别技术在应用过程中缺乏必要性的指导。非点源污染的特点以及资料的可获得性决定了流域尺度的优先控制区识别往往是多种方法的集成。为此,形成了本书的框架。

第 1 章总论,简要介绍非点源污染来源及非点源污染控制,重点在于引出非点源污染优先控制区识别的重要性,介绍优先控制区识别的基本流程并对各识别方法进行简要介绍。

第 2 章重点介绍基于流失风险、基于污染产生量等传统识别方法,并结合具体案例对传统方法的应用进行对比分析,以期为流域管理者、研究人员提供必要的参考和技术指导。

第 3 章在分析非点源排放特征的基础上,耦合各空间单元的源因子和迁移因子,根据水功能区受体因子的特征,划定了非点源污染排放标准,最终构建基于各空间单元排放量以及排放浓度的非点源污染优先控制区识别方法。

第 4 章提出了基于污染物贡献量的非点源污染优先控制区识别,其技术核心为计算出流域内具有水文关联的空间单元对水环境污染负荷的影响。

第 5 章借鉴了总量控制和水环境风险管理的理念,从全新的角度探讨了基于河流水质达标保证率的流域多级优先控制区分级技术，同时建立了多评估点存在时的流域优先控制区识别方法，以及多污染物情景的优先控制区识别方法。

为了便于读者对传统优先控制区识别方法的了解，本书附录中罗列了我们收集到的相关识别方法，并给出了其特点。

参考文献

[1] 初征. 涪江流域非点源污染的关键源区识别及控制措施研究[D]. 北京：北京师范大学，2008.

[2] 丰江帆，吴勇. 基于非线性理论的太湖流域水环境决策支持模型[J]. 资源开发与市场，2008，24（7）：601-602.

[3] 李明涛，王晓燕，刘文竹. 潮河流域景观格局与非点源污染负荷关系研究[J]. 环境科学学报，2013，33（8）：2296-2306.

[4] 任霖光，潘文斌，蔡芫镔. 基于非点源污染负荷模型 PLOAD 的最佳管理措施模拟研究[J]. 福州大学学报：自然科学版，2006，33（6）：825-829.

[5] 沈珍瑶，陈磊，谢晖，等. 基于低影响开发的城市非点源污染控制技术及其相关进展[J]. 地质科技情报，2012，31：171-176.

[6] 夏敏，班伟，赵冰雪. 太湖流域非点源污染负荷估算系统的设计与应用[J]. 水土保持通报，2013，3：40.

[7] Caruso B S. Risk-based targeting of diffuse contaminant sources at variable spatial scales in a New Zealand high country catchment[J]. Journal of Environmental Management，2001，63（3）：249-268.

[8] Delgado A，Scalenghe R. Aspects of phosphorus transfer from soils in Europe[J]. Journal of Plant Nutrition and Soil Science，2008，171（4）：552-575.

[9] Ghebremichael L T，Veith T L，Hamlett J M. Integrated watershed-and farm-scale modeling framework for targeting critical source areas while maintaining farm economic viability[J]. Journal of Environmental Management，2013，114：381-394.

[10] Grimvall A，Stalnacke P E. Statistical methods for source apportionment of riverine loads of pollutants[J]. Environmetrics，1996，7（2）：201-213.

[11] Grizzetti B，Bouraoui F，De Marsily G，et al. A statistical method for source apportionment of riverine nitrogen loads[J]. Journal of Hydrology，2005，304（1）：302-315.

[12] Haidary A，Amiri B J，Adamowski J，et al. Assessing the impacts of four land use types on the water quality of wetlands in Japan[J]. Water Resources Management，2013，27（7）：2217-2229.

[13] Karr J R, Schlosser I J. Water resources and the land-water interface[J]. Science, 1978, 201 (4352): 229-234.

[14] Kovacs A, Honti M, Zessner M, et al. Identification of phosphorus emission hotspots in agricultural catchments[J]. Science of the Total Environment, 2012, 433: 74-88.

[15] Munafo M, Cecchi G, Baiocco F, et al. River pollution from non-point sources: a new simplified method of assessment[J]. Journal of Environmental Management, 2005, 77 (2): 93-98.

[16] Qiu Z Y. Assessing critical source areas in watersheds for conservation buffer planning and riparian restoration[J]. Environmental Management, 2009, 44 (5): 968-980.

[17] Rao N S, Easton Z M, Schneiderman E M, et al. Modeling watershed-scale effectiveness of agricultural best management practices to reduce phosphorus loading[J]. Journal of Environmental Management, 2009, 90 (3): 1385-1395.

[18] Shang X, Wang X, Zhang D, et al. An improved SWAT-based computational framework for identifying critical source areas for agricultural pollution at the lake basin scale[J]. Ecological Modelling, 2012, 226: 1-10.

[19] USEPA. National management measures for the control of non-point pollution from agriculture[R]. US Environmental Protection Agency, Office of Water. EPA-841-B-03-004, 2003.

[20] Wei L, Cheng X, Cai Y. Nutrient export via overland flow from a cultivated field of an Ultisol in southern China[J]. Hydrological Processes, 2013, 27 (3): 421-432.

[21] Wengrove M E, Ballestero T P. Upstream to downstream: stormwater quality in Mayagüez, Puerto Rico[J]. Environmental Monitoring and Assessment, 2012, 184 (8): 5025-5034.

2

基于流失风险和污染产生量的识别技术

通常而言，非点源污染的特点以及资料的可获得性决定了流域尺度的优先控制区识别往往是多种方法的耦合（Shen et al.，2009）。本章选取长江上游涪江流域小河坝以上集水区作为研究对象，开展非点源污染优先控制区研究。根据研究区的特点，选择了两阶段优先控制区嵌套识别的思路。首先选择农业非点源污染潜力指数系统（Agricultural Pollution Potential Index，APPI），并结合 GIS 技术来评价流域非点源污染发生的潜力指数，以识别该流域污染的重点发生区；然后，对识别出的污染流失高风险区进一步划分次级亚流域，并采用更为精细的 PLOAD 模型及单位负荷法对非点源污染产生量（污染负荷强度）进行估算，从而通过降尺度的思路提高优先控制区识别的精度，并为污染控制措施的实施提供了相应的空间单元。本章将为传统优先控制区识别方法在我国的具体应用提供技术和案例支撑。

2.1　基于污染流失风险的优先控制区识别

在我国的优先控制区识别过程中，人为因素占有不可忽视的重要地位（丰江帆和吴勇，2008）。自 20 世纪 80 年代以来，我国农业集约化程度越来越高，化肥施用量和施用强度不断增加。目前，我国的化肥施用量约占世界化肥施用总量的 1/3，平均每公顷化肥施用量高出世界平均水平 3.6 倍多。同时，由于基础设施建设的相对滞后，我国农村人畜粪便往往不经处理便被随意堆放，造成大量养分流失，带来了严重的环境污染隐患。考虑到中国的具体国情，本章对研究区的牲畜养殖、化肥、土地利用等人为因素进行了实地调研，并借助地理信息系统（Geographic Information System，GIS）和 APPI 模型等技术手段，评价了各空间单元的污染流失风险，从而找出了流域非点源污染的优先控制区。此部分属于优先控制区的半定量评估。

2.1.1　基本原理

潜力评价是一种常用的优先控制区识别方法，重点是量化不同影响因素对非点源污染形成的相对贡献，并依据定性或半定量信息，区分流域内非点源污染的敏感地区和非敏感地区。国外已有学者从不同角度提出了非点源污染潜力评价方法。Buck et al.（2000）引入了潜在危险评价中的误差分析，在河道污染潜在风险评估的基础上，分析了畜禽管理对氮污染控制的作用。Pionke et al.（1997）则利用 30 年的试验与观测资料，结合水文过程、土地利用、土壤磷状况、氮平衡等过程，构建了宾夕法尼亚州典型山地农业流域的氮、磷流失风险评估模型。土壤流失是非点源污染产生的重要影响因素，因而土壤侵蚀模型也常常被用来评估流域非点源污染的流失潜力。实际上，众多潜力评价方法均由通用土壤流失方程演化而来，如 Sivertun and Prange（2003）即在修改通用土壤流失方程的基础上，构建了基于地理信息系统的非点源污染流失风险评估模型。近年来，非点源污染潜力评价主要集中于农田生态系统研究。如 Lemunyon 和 Gilbert（1993）提出了磷指数法（PI）和土壤磷流失潜力评价指标体系，用以半定量地描述农业养分磷的利用情况。张淑荣等（2001）则结合河岸形态、坡度、植被等空间信息，构建了爱达荷州污染流失风险评估模型，并识别了 TOM BEALL 河的敏感河段。

APPI 模型是 Petersen et al.（1991）在美国宾夕法尼亚州水土资源保护局的资助下构建的非点源污染指数系统，最初主要用于宾夕法尼亚州的农业非点源污染潜力评价。随后，该方法得到了充分的发展，如 Guo et al.（2004）借鉴了 APPI 的建模思路，构建了河网区污染潜力指数系统。目前，该模型已发展成一个通用的大中流域优先控制区评价系统。由于 APPI 模型系统参数设置简洁合理，数据易于收集整理，目前在国内外的优先控制区识别中得到了广泛的应用。如郭红岩等（2004）运用该系统评估了太湖流域一级保护区的氮磷污染流失风险；王宁等（2008）利用 APPI 模型识别了江苏省宜兴市大浦镇的非点源氮磷的排放风险及农业优先控制区；王小治等（2009）运用该系统研究了昆山市 11 个城镇的非点源污染优先控制区；Yang et al.（2013）则在 APPI 模型相关指数修正的基础上，评价了我国农业非点源污染的潜在风险并识别了重点污染区域，即优先控制区。

就建模思路而言，APPI 模型将影响非点源污染发生的因素分为：①年径流量指数（Runoff Index，RI），用于评价区域内的地表径流产生能力；②泥沙流失量指数（Sediment Production Index，SPI），用于评价区域的泥沙流失潜力；③化肥使用量指数（Chemical Use Index，CUI），用于评价区域内化肥使用对非点源污染发生潜力的贡献；④人畜排放量指数（People and Animal Loading Index，PALI），用于评价区域内人畜排放物的发生潜力。计算模型如下：

$$APPI = RI_i \times WF_1 + SPI_i \times WF_2 + CUI_i \times WF_3 + PALI_i \times WF_4 \qquad (2\text{-}1)$$

式中：RI——年径流指数；

　　　SPI——泥沙产生指数；

　　　CUI——化肥使用指数；

　　　PALI——人畜排放指数；

i——不同的区域；

WF——不同指数的权重。

在分别求出年径流指数（RI）、泥沙产生指数（SPI）、化肥使用指数（CUI）、人畜排放指数（PALI）后，采用标准化方法对上述指标进行数据预处理。然后通过式（2-1）计算出各区域 APPI 值，并从大到小排序，排序靠前的区域为非点源污染高风险区域，即优先控制区。

2.1.2　方法流程

基于污染流失风险的优先控制区划分方法的具体步骤如下所示。

（1）步骤一：基础数据库构建

流域内的土地利用图是最重要的 GIS 数据。土地利用的属性数据通过 DBF 文件进行存储和计算，根据相关模型用户手册提供的属性数据库资料确定不同土地利用类型的相关属性参数。土壤属性数据同样也是通过 DBF 文件进行存储和计算，主要源于《1:100 万中华人民共和国土壤图》和《中国土种志》，还有一些数据参阅《中国土壤》进行补充确定。其他社会经济数据可通过统计年鉴结合社会调研的方法获取。

（2）步骤二：亚流域划分

为了将有限的人力、物力、财力投入到最需要的地区，在应用 APPI 模型进行优先控制区识别之前，需要将研究流域按水系划分为亚流域。河道阈值面积是生成河网时河道上游的最小汇流面积；一般而言，河道阈值面积越小，河网越密，亚流域数目越多，对流域地形的空间变化考虑得更多，流域地形参数识别得越精准；但是随着亚流域个数的增多，同样需要更多更精细的输入数据作为支持。

（3）步骤三：模型指数计算

APPI 模型各指数计算方法如下所示：

①径流指数的计算：采用 SCS-CN 方法进行计算。考虑到降雨的空间异质性，在该方法中引入了降雨系数 $r_i = p_i / p$（各地区多年平均降雨量与流域多年平均降雨量的比值），从而使得该方法更适应大中流域的优先控制区识别。

②泥沙产生指数的计算：引入土壤侵蚀的概念，采用改进的通用土壤方程（RUSLE 模型）计算各单元内的侵蚀量获得泥沙总量，泥沙总量除以各空间单元的面积获得泥沙产生指数。

③化肥使用指数的计算：采用查询统计年鉴和实地调查的方法获得化肥使用指数。

④人畜排放指数的计算：由污染物输出系数与人口数、牲畜数量的乘积所得，污染物输出系数采用课题组已有研究成果（丁晓雯，2007）。

（4）步骤四：APPI 模型指数标准化处理

计算出上述 4 个指数后，进行标准化转换。在 APPI 模型指数计算的基础上，采用美国宾夕法尼亚州水土资源保护局在评价非点源污染发生潜力中所用的标准化方法，对所求得的各因子指数进行标准化处理。具体来说，该标准化方法是将各因子指数与同组指数平均数的差值除以同组指数的标准偏差。指数标准化的结果越大，表示该指数对非点源污染的贡献越大。

（5）步骤五：APPI 模型权重确定

当存在多个互相矛盾的指数时，APPI 模型的处理方式是通过权重的方法把不同的目标整合为一个单目标方程，而不去考虑不同指数之间的转换。如将不同空间单元作为决策变量的话，那么基于潜力评价指数的 APPI 模型计算则转化为一个多属性评价的问题。传统的综合潜力评价方法有数十种之多，但本质上可根据权重赋值方法，将其划分为主观评价法、客观评价法和不需要赋权的系统方法三种。在具体应用时，根据研究区实际情况进行选择，确定上述 4 个指数的权重。

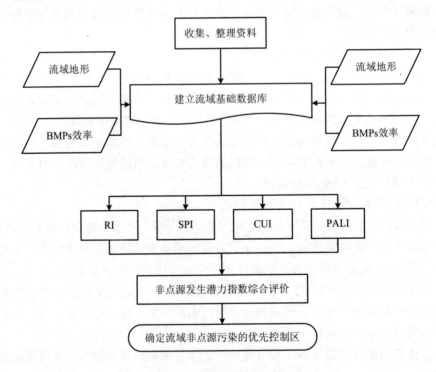

图 2-1　APPI 模型方法流程图

（6）步骤六：APPI 模型应用

将各指数及其权重值代入 APPI 模型中计算得出各空间单元的非点源污染潜力指数值，通过 ArcGIS 软件可绘制出流域污染潜力指数的空间分布图，为优先控制区识别奠定基础。

（7）步骤七：优先控制区识别

对最终的非点源污染潜力指数进行分级，将流域内的各空间单元按照非点源污染潜力分为低、中等和高 3 个等级。当非点源潜力指数小于 0 时，表示该空间单元对造成非点源污染的贡献较小，且数值越小，贡献越小，其非点源污染潜力较低；当非点源潜力指数等于 0 或者趋近于 0 时，表示该空间单元对造成非点源污染的贡献一般，其非点源污染潜力为中等；当非点源潜力指数大于 0 时，表示该空间单元对造成非点源污染的贡献较大，且数值越大，贡献越大，其非点源污染发生潜力较高。

2.1.3　判别标准

将影响非点源污染输出的关键因素作为独立的观测变量，从而将优先控制区识别转化为一个多属性评价问题。以 APPI 为例，本方法充分考虑了影响磷污染的源因子和迁移因子，但这种以影响因素为基础的排序是相对的，对应的优先控制区排序通常是定性或半定量的。本方法借助 GIS 技术手段，可将非点源污染发生潜力指数由区域尺度转换为亚流域尺度，并将按照一定的比例识别出风险排序较高的空间单元作为流域非点源污染优先控制区。

2.1.4　方法特点

本方法的特点如下所示：

◆ APPI 模型本质上属于多因子综合分析法，简单易行，能够解决大流域数据相对缺失的难题；该方法所需的数据在我国现行的统计体系下易于收集整理，适合我国大中尺度流域的优先控制区识别研究；

◆ APPI 模型是基于一种对自然影响因素和人为影响因素区别对待的思路，对各因素赋予不同的权重值，以评价在各因素影响下非点源污染的发生潜力；相对于传统研究，本方法可以更为准确地将人类活动的影响区分出来，这对我国优先控制区的识别具有重要意义；

◆ APPI 模型是建立在地理信息系统界面上的，借助一定的转换技术将农业非点源污染发生潜力细化到各空间单元，从而很好地解决了非点源污染流失风险的空间分布问题；

◆ 本方法的局限性在于，以影响因素为基础的流失风险排序是相对的，对应的优先控制区排序通常是定性或半定量的；各类指标权重的划分往往是主观的，权重的使用可能会掩盖很多信息，从而降低了流域非点源污染优先控制区识别的有效性和合理性；

◆ 由于缺乏相关的实测数据，APPI 模型分级结果通常难以验证，因而需要在污染流失风险评估的基础上，进一步结合污染负荷产生量的计算对其结果进行验证。

2.2　基于污染产生量的优先控制区识别

通常而言，基于污染流失风险的优先控制区一般面积较大，难以与控制措施所需的空间单元相匹配。在本节中，进一步提出了"流失风险定性分析-污染产生定量评估"的优先控制区降尺度识别思路。考虑到非点源污染特征，本节将研究流域的营养物来源主要分为农业用地、城镇用地、自然地、牲畜和人五大类。其中，前三种采用 PLOAD 模型（输出系数法）进行估算，人畜排放负荷则采用单位负荷法估算。

2.2.1　基本原理

环境模型作为对真实世界环境系统的数字描述，其目的是在无须重现现实的条件下获得对真实世界的认识，这是优先控制区识别从定性走向定量的必经趋势。流域水文模型一般可分为统计模型和机理模型，其中机理模型虽能保证较高的精度，但对数据的要求都非常高。由于缺乏长时间系列的非点源污染监测资料，使得机理模型在涪江流域的应用性可能较差。相对而言，统计模型利用了黑箱原理，避开了非点源污染发生的复杂过程，所需参数少，操作简便，又具有一定的精度，因而在我国非点源污染研究中表现出了独特的优越性（丁晓雯，2007）。

PLOAD 模型是 BASINS 系统中用于计算流域非点源污染负荷的模型，由美国 CH_2M HILL 水资源工程小组开发。该模型利用相对容易得到的土地利用资料建立土地利用与受纳水体污染负荷的关系，在很大程度上避免了机理模型在建模过程中对水文过程和非点源污染迁移过程的过多考虑，适用于中、大型流域研究。PLOAD

模型提供了两种污染负荷的计算方法，即输出系数法和简易法，简要介绍如下。

（1）传统的输出系数法

最初的输出系数模型由 Omernik（1976）在北美提出，用于经济合作和发展组织（OECD）对静止水体富营养化程度的预测。该研究收集了美国 928 个流域的数据，并利用多元线性回归分析建立了污染物浓度与流域土地利用之间的关系。这种尝试为人们研究非点源污染提供了一种新的思路和方法，虽然该研究对输出系数的分类非常简单（尤其是对种植用地仅采用一个输出系数），且精度不太高，但开创了利用输出系数法的先河，从此，输出系数模型在非点源污染研究中得到了不断完善和广泛应用，Johnes 输出系数模型是其中最为经典的模型。

在 Johnes 输出系数模型中，对种植用地根据其所种作物的特点采用了不同的输出系数，对养殖牲畜则根据其数量和分布选择输出系数，人的输出系数则主要根据生活污水的排放和处理状况来选定。该模型在总氮输入方面还考虑了植物固氮、氮的空气沉降等因素，从而极大地丰富了输出系数模型；比起以往的模型，Johnes 输出系数模型能较为准确地评价和预测大尺度研究区的非点源污染负荷，该模型对土地利用状况的响应灵敏度也得以加强，这也是本节选其作为研究区非点源污染产生量计算方法的重要原因。

Johnes 输出系数模型的一般表达式为：

$$L = \sum_{i=1}^{n} E_i[A_i(I_i)] + p \qquad (2\text{-}2)$$

式中：L——营养物质的流失量；

E_i——对 i 营养源的输出系数；

A_i——第 i 类土地利用类型的面积或第 i 种牲畜的数量、人口数量；

I_i——第 i 种营养源的营养物输入量；

p——由降水输入的营养物量。

输出系数 E_i 表示流域内不同土地利用类型的氮、磷输出量。对于牲畜而言，输出系数表示牲畜排放物所含营养物质直接进入排水系统的比例，应考虑不同牲畜的饲养年限、人类对牲畜排放物的收集和在种植用地的回用、储存粪肥过程中氮的挥发等因素；对于人类而言，输出系数则反映了当地人群对含磷去污剂的使用状况、饮食营养状况和生活污水处理状况，可用下式进行计算：

$$E_h = D_{ca} \times H \times 365 \times M \times B \times R_s \times C \qquad (2\text{-}3)$$

式中：E_h——氮、磷年输出总量；

D_{ca}——人均营养物日输出量；

H——流域内的人口总量；

365——一年所含天数；

M——污水处理过程中机械去除营养物质的系数，介于 0.85～0.9，即营养物负荷可削减 10%～15%；

B——污水处理过程中生物去除营养物质的系数，介于 0.8～0.9，即营养物负荷可削减 10%～20%；

R_s——营养物在过滤池中的滞留系数，介于 0.1～0.8，即营养物负荷可削减 20%～90%；

C——除磷系数，若存在 P 剥离，介于 0.1～0.2，即 P 负荷可削减 80%～90%。

流域内的营养源包括不同类型的土地、各类牲畜及人群，A_i 即为各种土地利用的面积、各类牲畜数量和人口总量；营养物质的输入 I_i 包括各营养源通过施肥和固氮作用而产生的氮、磷输入，以及由牲畜排放物、人类生活导致的营养物输入。此外，模型还考虑了由降雨产生的营养物输入 p，计算方法如下：

$$p = c \times a \times Q \tag{2-4}$$

式中：p——由降雨产生的营养物质输入；

　　　c——降水中营养物质的浓度；

　　　a——年立方米降雨量，该值等于流域的年降雨量乘以流域总面积；

　　　Q——全年降雨产生径流量占全年降雨量的百分比。

（2）改进的输出系数法

为进一步体现流域非点源污染的空间差异性，丁晓雯（2007）在传统 Johnes 输出系数模型的基础上，引入了降雨、地形特征等因素，最终构建了表征降雨和地形特征的输出系数模型，改进后的模型结构如下：

$$L = \sum_{i=1}^{n} \alpha \beta E_i [A_i(I_i)] + p \tag{2-5}$$

式中：α ——降雨影响因子，用来表征降雨对非点源污染的影响；

　　　β ——地形影响因子，用来表征地形对非点源污染的影响；

其他参数含义同式（2-2）。

1）考虑降雨影响的输出系数模型

降雨量对非点源污染流失量有较为显著的影响，雨强则对产流时间及养分浓度出现峰值的时间有影响，相关实验研究表明，降雨对非点源污染负荷的影响主要体现在降雨量指标上（程红光等，2006）。因此，选择降雨量来表征降雨对非点源污染流失的影响，主要从降雨的年际差异和空间分布两个角度考虑。

①降雨年际差异对非点源污染的影响。

降雨年际差异对非点源污染的影响主要考虑不同年份降雨下非点源污染的变

化。首先获取流域多年降雨数据和出口断面水质资料，利用 GIS，得到流域各年降雨量和非点源污染物入河量，通过回归分析，建立流域全区年平均降雨量 r 与非点源污染物年入河量 L 的相关关系：

$$L = f(r) \qquad (2-6)$$

式中：r——流域全区年平均降雨量；

$\qquad L$——非点源污染物年入河量。

将流域全区多年平均降雨量 $\bar{r}$ 代入式（2-6）得出多年平均降雨量条件下的氮、磷、硫污染物年入河量 $\bar{L}$；因此，降雨年际差异影响因子 α_t 表示为：

$$\alpha_t = \frac{f(r)}{f(\bar{r})} \qquad (2-7)$$

式中：α_t——降雨年际差异影响因子；

$\qquad \bar{r}$——流域全区多年平均降雨量。

②降雨空间分布对非点源污染的影响。

就某一年份而言，降雨空间分布对非点源污染的影响主要是指不同地区因降雨不同而造成的非点源污染差异，主要通过降雨量的空间分布来体现，降雨空间分布影响因子 α_s 表示为：

$$\alpha_s = \frac{R_j}{\bar{R}} \qquad (2-8)$$

式中：α_s——降雨空间分布影响因子；

$\qquad R_j$——流域内空间单元 j 的年降雨量；

$\qquad \bar{R}$——流域全区平均年降雨量。

③降雨影响因子表达式。

降雨影响因子 α 的表达式为：

$$\alpha = \alpha_t \cdot \alpha_s = \frac{f(r)}{f(\bar{r})} \cdot \frac{R_j}{\bar{R}} \qquad (2-9)$$

式中各参数的含义同式（2-6）～式（2-8）。

2）地形影响因子 β 算法及取值

①地形对非点源污染影响研究。

现有模型对不同土地利用类型的污染物输出量已有所考虑，因此，重要考虑下垫面因子中的坡度因子对非点源污染的影响。关于坡度的影响目前已做了大量研究，结果表明：坡度是影响坡面产污的重要因素，但对坡面径流的养分浓度无明显影响，坡度对坡面径流量的影响远大于其对流失养分浓度的影响，坡度对坡面径流量的影响是坡度对非点源污染负荷影响的关键所在（丁晓雯，2007）。因此，坡度对非点源污染负荷的影响可表现为坡度与径流量的关系。大量研究证实，坡度与坡面径流量呈正相关关系，径流量可以表示为坡度的幂函数与常量的乘积，因此，建立坡度与径流量关系式如下：

$$Q = a\theta^b \tag{2-10}$$

式中：Q——径流量；

$\quad\quad \theta$——坡度；

$\quad\quad a$、b——常量。

建立坡度与非点源污染流失量的关系式：

$$L = c\theta^d \tag{2-11}$$

式中：L——污染物负荷；

$\quad\quad c$、d——常量；

$\quad\quad$其他参数的含义同式（2-10）。

②坡度影响因子β的确定。

坡度影响因子β主要反映不同地区因坡度起伏造成的非点源污染空间差异，主要通过非点源污染负荷与坡度的相关关系体现，β表示为：

$$\beta = \frac{L(\theta_j)}{L(\overline{\theta})} = \frac{c\theta_j^d}{c\overline{\theta}^d} = \frac{\theta_j^d}{\overline{\theta}^d} \tag{2-12}$$

式中：θ_j——流域内空间单元j的坡度；

$\quad\quad \overline{\theta}$——研究区的平均坡度；

$\quad\quad$其他参数的含义同式（2-11）。

（3）简易法

PLOAD 模型的简易法则利用 GIS 工具定位土地利用的种类和面积，并在此基础上计算包括泥沙、BOD、COD、氮、磷等在内的污染负荷（黄国如等，2011），计算公式为：

$$L_n = \sum_{i=1}^{m} M_i R_i C_i \tag{2-13}$$

其中，$R_i = p_i \alpha_i N$，$\alpha_i = 0.050 + 0.009 i_{mpi}$。

式中：L_n——非点源污染负荷；

$\quad\quad M_i$——第 i 种土地利用类型的汇水面积；

$\quad\quad R_i$——第 i 种土地利用类型的径流深；

$\quad\quad C_i$——第 i 种土地利用类型的径流污染物平均浓度；

p_i——降雨产流率，用于对不产生地表径流的降雨进行校正，即产生径流的降雨事件占总降雨事件的比例，默认值为 0.9；

α_i——第 i 种土地利用类型的降雨径流系数；

N——降雨量；

i_{mpi}——第 i 种土地利用类型中不透水面积的比例；

m——流域内土地利用的种类。

其中，简易法主要参数的确定如下所示：

◆ α_i 值。径流系数 α_i 是指降雨产生的径流量与降雨量之比，径流系数与雨强、土壤性质、土壤含水量、地表覆盖等因素有着重要的关系。

◆ i_{mpi} 值。各种土地利用类型下的下垫面因素不同，其透水性也不同。如土壤含水量及密实度的增加都将增大下垫面不透水率，从而增大径流系数，而植被可以增加下渗量，减小径流系数；i_{mpi} 的取值可以借助图形叠加、属性数据计算等 GIS 工具确定，也可从不透水率表中读取。

◆ C_i 值。C_i 为单位径流量下的污染物负荷量，可通过在各个土地利用类型下，实测降雨-径流数据，分析水质-水量关系获得；模型计算数据来源于污染负荷率表。

◆ M_i 值。各个土地利用类型的土地面积 M_i 由流域边界图和土地类型图叠加后，通过 GIS 自动计算获得，并由系统将其存放于属性数据表中供模型计算时读取；其他参数 N 和 P_i 值由用户通过对话框直接输入模型。

2.2.2　方法流程

本章选择 PLOAD 模型（输出系数模型）估算非点源污染负荷产生量，具体步骤如下所示。

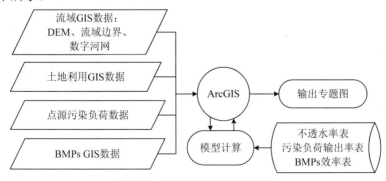

图 2-2　PLOAD 模型系统框架

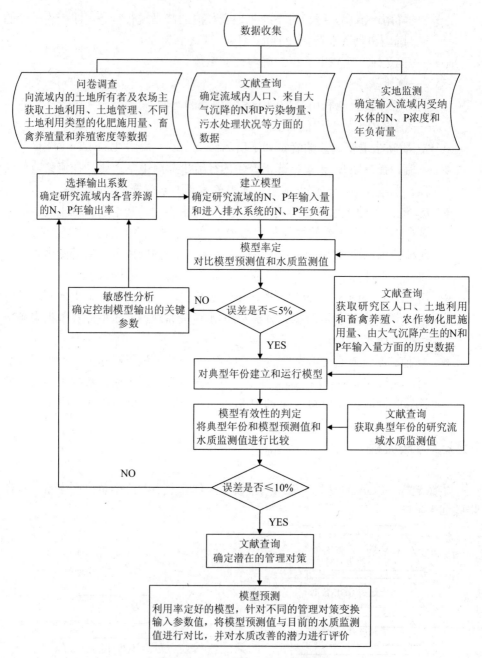

图2-3 输出系数法技术流程图

（1）步骤一：基础数据库建立

PLOAD 模型所需的基本数据为：数字高程模型（Digital Elevation Model，DEM）、流域数字河网、土地利用、输出系数等。前期数据的收集，包括平均气温、相对湿度等气象资料，降雨、流量、营养物输入量等水文水质资料，土地利用的空间分布、面积、化肥施用量及畜禽养殖总量和密度等数据，土壤类型和 DEM 图等资料。在此基础上构建模型所需的空间和属性数据库，选取典型年的空间和属性数据库作为模型的基本输入资料。

（2）步骤二：模型建立

构建模型所需的基本参数，如获取流域降雨数据和特定汇水区出口断面的水质资料，结合地理信息系统，得到流域各年全区降雨量和污染物入河量，通过回归分析，建立流域全区年平均降雨量与污染物年入河量的关系，最终获取研究区降雨影响因子；同时，根据研究区相关实验数据和其他文献研究确定流域地形影响因子等。

（3）步骤三：输出系数确定

值得注意的是，输出系数取值是影响模型精度的关键所在。目前一般是通过划分流域内土地利用类型以决定输出系数的类别，再通过文献资料查阅或现场实验决定各类土地利用类型的输出系数。现场监测指连续监测不同土地利用类型流域的水质水量 1 年以上时间，在此基础上通过计算负荷产生量得到相应的输出系数值。本方法的优点在于获取的参数值有较高的精度，能较好地揭示研究区非点源污染的产污特征，但需进行现场监测，耗时长，费用高。另一种途径是利用前人的研究成果，通过查阅文献资料获取输出系数值。此类方法相对简单，但难以保证模拟精度。

（4）步骤四：模型率定、验证

在输出系数初步确定的基础上，进一步采用基于历史水文水质资料的模型率定方法（丁晓雯，2007）获取更为精准的模型参数。本方法将模拟值与流域出口断面的水质资料对比，并采用优化算法率定各输出系数。首先将研究区的土地利用分为 n 种类型，不同土地利用的输出系数为 E_i，共 n 种。在研究区内选取 m（$m > n$）个小流域，根据污染物在流域内输入输出质量守恒原则，可对各小流域分别建立产污方程：

$$L = PS + L_0 + \sum_{i=1}^{n} \alpha\beta E_i [A_i(I_i)] + p \qquad (2\text{-}14)$$

式中：i——研究区土地利用的种类（共 n 种）；

L——研究区污染物的年负荷量；

PS——研究区点源污染年负荷量；

L_0——流域内由非土地利用因素（农村生活、畜禽养殖）产生的非点源污染物年负荷量；

E_i——污染物在流域第 i 种土地利用类型的输出系数；

A_i——流域第 i 种土地利用类型的面积；

I_i——污染物在流域第 i 种土地利用上的年输出量；

其他参数含义同式（2-5）。

通过以上分析，对于特定污染物，m 个小流域可得到 m 个产污方程，从而构成含 m 个方程的方程组，通过最优化方法，可以得到特定污染物在流域第 i 种土地利用类型的输出系数 E_i。

（5）步骤五：优先控制区识别

结合已建立的研究区空间和属性数据库，模拟非点源污染负荷的空间分布，根据流域污染物的负荷产生量对各空间单元进行整体排序，并以一定的比例选择流域内的优先控制区。

2.2.3　判别标准

根据非点源污染负荷产生强度对污染源直接排序，如果某区域的污染物产生量超过一定阈值即将该污染源识别为优先控制区；本章将细分 2.1 节识别出的污染流失高风险区，采用 PLOAD 模型估算次级亚流域的污染负荷产生强度，对比其他流域确定该流域的负荷产生量阈值，并将超过此阈值的空间单元作为非点源污染的优先控制区。

2.2.4　方法特点

本方法的特点如下所示：

◆ 从方法机理上看，本方法充分利用了相对容易得到的土地利用状况等资料，建立了土地利用与非点源污染负荷产生量的关系，降低了对侵蚀、污染物迁移转化实验和资料的依赖性，降低了建模费用；

◆ 从资料上看，该模型结构简单，所需参数少，应用简便，且能保证一定的识别精度，适用于我国大中尺度流域的优先控制区识别；另外，基于水文水质资料的模型率定方法，无需长时间的现场监测，即可得到符合区域特征的输出系数值，从而拓展了 PLOAD 模型在数据资料缺乏流域的应用；

◆ 受模型结构的限制，PLOAD 模型只能计算年负荷量，而且该模型虽然考虑了降雨、地形、化肥施用、畜禽养殖、农村人口、土地利用、土壤类型等因素，但还有诸多因素对非点源污染起作用，对其他因素的考虑不足将影响优先控制区的模拟精度；开发简单、适用、模拟精度高的模型仍是基于污染负荷产生量的优先控制区研究的重要发展方向；

◆ PLOAD 模型本质上属于统计模型，目前尚无实测数据验证其模拟结果的精确性，今后还需加强模型结果验证方面的研究；统计模型与机理模型的耦合使用将是未来大尺度优先控制区识别的研究方向，关于模型耦合的详细介绍可见本书第 4 章。

2.3 案例研究

本章选取长江上游涪江流域小河坝以上集水区作为研究对象，开展流域尺度非点源污染的优先控制区识别。在本章中，首先通过 APPI 模型计算污染流失风险，重点探讨自然因素和人类因素对流失风险的影响，进而半定量地识别出研究区污染高风险区；在此基础上，耦合 PLOAD 模型估算次级亚流域的污染负荷产生量，进而实现优先控制区的降尺度识别。

2.3.1 研究区概述

（1）地理位置

涪江是嘉陵江右岸的一级支流，发源于岷山南麓松潘县雪宝顶北坡的三岔子，海拔 4 000 m。自西北向东南流经绵阳市的平武县、江油市、涪城区、游仙区，至三台县出境，在流经遂宁市的射洪县、蓬溪县、市中区和重庆市的潼南县、铜梁县后，于合川市的东津沱汇入嘉陵江。涪江流域呈狭长形，地理坐标在东经103°47′～106°02′、北纬 30°05′～32°58′。涪江流域水系发达，支流纵横交错，主河道长 670 km，流域面积为 36 400 km²，占嘉陵江流域面积的 22%。流域面积在1 000 km² 以上的较大支流有 9 条，其中从左岸汇入的有火溪河、梓江 2 条；从右岸汇入的有平通河、通口河、安昌河、凯江、邦江、安居河、小安溪 7 条。支流多从右岸汇入，整个水系呈不对称的树枝状分布。本章以涪江流域小河坝以上集水区作为研究对象开展研究，小河坝以上集水面积为 30 029 km²，占涪江流域面积的 82.5%。

（2）地形地貌

江油灯笼桥以上为涪江上游，属山区地形，主要由岷山山脉和龙门山山脉组成。海拔在 1 000～3 500 m，北川、平武一带少数高山海拔在 4 000 m 以上。地质构造复杂，地层多有断裂，其中龙门山断裂带是地震活动频繁区域，局部滑坡，泥石流分布广。涪江干流穿行于崇山峻岭之间，河谷多为 V 字形，水流湍急，河道弯曲，多急流险滩和石梁。河宽仅 20～80 m，河道平均比降约 13.7%。两岸山间平坝稀少，耕地不多，植被较差。江油灯笼桥至遂宁市为涪江中游，属丘陵地貌，海拔在 400～700 m，相对高差 100～200 m，河谷逐渐开阔，河谷变化一般 1～3 km，最宽达 7 km。涪江中游河床比降逐渐变缓，平均比降约为 1.1%。河道宽度 200～250 m，最宽 600～800 m，多为不对称的宽浅式河床。

（3）气候气象

涪江流域属亚热带湿润性气候区，多年平均气温在 14.7℃（平武）～18.2℃（合川）之间。域内气候温和、湿度大、雨量丰沛、无霜期长，除上游山区外，无霜期一般在 300 d 左右，是四川省主要农业生产区之一。流域内雨量丰沛，但时空差异较大，上游平武、北川、安县、江油处于龙门山、鹿头山暴雨区，多年平均降水量达 1 200 mm，北川、安县达 1 400 mm 以上，下游合川、潼南、铜梁每年平均年降水量也可达 1 100 mm，但流域内大部分地区多年平均年降水量不足 1 000 mm，中江、盐亭、射洪、三台多年平均年降水量仅 800 余 mm。年降水量不但空间差异大，年际间变化也大，多年平均降水量与少水年之比一般为 1.7，个别地方达到 3 以上，降水量年内分配也很不均，每年 6—8 月降水量一般占全年的 50%以上，12 月至次年 5 月则不足年度的 20%。涪江流域的气候特点，大致可分为上游亚热带寒湿润山区气候、中游亚热带偏干湿润丘陵区气候与下游亚热带湿润性丘陵区气候。受不同区域气候特点与下垫层的影响。使涪江流域从上游到下游，形成春旱、夏旱为主过渡到伏旱的分布模式。

（4）水文特征

涪江河口各年平均径流量达 180 亿 m³。涪江流域径流主要由降雨形成，有少量融雪和地下水补给。径流年际和年内变化均大，最大年径流和最小年径流分别为多年平均径流的 1.5 倍和 0.5 倍。主汛期在 6—9 月，丰水期 5—10 月径流占全年 80%左右，枯水期 11 月至次年 4 月径流仅占全年 20%左右。上游为高山峡谷地形，河道坡陡流急，且处于鹿头山暴雨区，暴雨强度大，洪水汇流时间短，形成尖瘦形洪水过程。武都以下河流坡度变缓，多支流汇入，多形成复峰过程，一次洪水历时为 3～5 d。根据涪江水文站资料统计，实测洪枯水位变幅 7.83 m，多年平均悬移质输沙量为 1 353 万 t，多年平均含沙量 1.36 kg/m³，悬移质平均粒径

0.085 mm，中值粒径 1.32 mm。

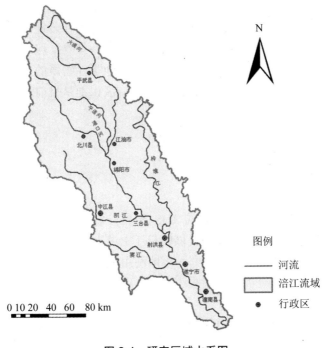

图 2-4　研究区域水系图

（5）社会经济概况

研究区域所涉及的行政区主要包括绵阳市和遂宁市，本章根据《2007 年国民经济和社会发展统计公报》中的数据对两市的社会经济概况做如下介绍。

①绵阳市。2007 年末，绵阳市总人口为 538 万人，农业人口 404.8 万人，非农业人口 133.2 万人。全市实现 GDP 673.5 亿元，国民经济一、二、三产业之比为 21.5∶44.8∶33.7。全市城镇居民人均可支配收入 10 473 元，城镇居民人均生活消费支出 7 804 元；全年农村居民人均纯收入 4 038.6 元，农村居民生活消费支出 3 048.4 元。

②遂宁市。2007 年末，遂宁市总户数 120.56 万户，总人口 383.44 万人。全市实现 GDP 304.95 亿元，人均地区生产总值 8 565 元，国民经济一、二、三产业之比为 29.5∶42.4∶28.1。全市城镇居民人均可支配收入 9 200 元，城镇居民人均生活消费支出 7 285 元；全年农村居民人均纯收入 3 668 元，农村居民生活消费支出 2 662 元。

（6）研究区域内的环境问题

涪江沿岸人口密度较大，农业生产活动比较密集，由此造成的非点源污染负荷较大。农村家畜粪便、农田中的化肥和农药及其他有机或无机污染物质在降水或灌溉过程中，通过农田地表径流、农田排水和地下渗漏，使大量污染物质进入水体，造成了严重的非点源污染。此外，涪江流域地处丘陵地区，水土流失发生较多，而水土流失带来的泥沙本身就是一种非点源污染物，泥沙（特别是细颗粒泥沙）是有机物、金属、铵离子、磷酸盐以及其他毒性物质的主要携带者，因此也加剧了涪江流域的非点源污染。加强优先控制区识别是目前涪江流域开展非点源污染控制工作的当务之急。

2.3.2 数据库构建

（1）土地利用数据

流域内的土地利用图是最重要的 GIS 数据，它表征流域内各种植被的数量和分布。本章采用长江水利委员会提供的长江上游土地利用图（1：25 万），并用研究区流域边界进行切割，得到研究区土地利用类型图（见附录 B 图 B-1），按照土地资源分类系统进行分类，结果如表 2-1 所示。

表 2-1 研究区域土地利用类型

代码	土地利用类型	面积/km²	面积比例/%
11	水田	4 584.96	15.27
12	旱地	6 914.58	23.03
21	有林地	3 772.68	12.56
22	灌木林	2 790.44	9.29
23	疏林地	2 780.50	9.26
24	其他林地	57.68	0.19
31	高覆盖度草地	5 469.37	18.21
32	中覆盖度草地	2 907.24	9.68
33	低覆盖度草地	92.73	0.31
41	河渠	167.82	0.56
42	湖泊	14.52	0.05
43	水库坑塘	86.34	0.29
44	永久性冰川雪地	0.65	0.002
46	滩地	86.26	0.29
51	城镇用地	101.22	0.34
52	农村居民点	162.15	0.54
53	其他建设用地	22.06	0.07
66	裸岩石砾地	18.00	0.06
合计		30 029.20	100.00

由附录 B 图 B-1 可以看出，研究区域以耕地、林地和草地为主，其中耕地最多，占到总面积的 38.3%；林地次之，占总面积的 31.3%；再次是草地，占总面积的 28.2%。

土地利用的属性数据通过 DBF 文件进行存储和计算，根据模型用户手册提供的土地利用属性数据库资料，最终确定不同土地利用类型的相关属性参数。

（2）土壤数据

土壤数据图来自于《1：100 万中华人民共和国土壤图》和《中国土种志》。首先从原图中分割出研究区土壤类型图，然后经过投影转换，再利用流域边界切割出研究区土壤类型图（见附录 B 图 B-2）。

表 2-2 给出了研究区内的土壤类型及面积。可以看出，研究区紫色土最多，占到总面积的 38.98%；水稻土次之，占总面积的 16.36%；再次是黄棕壤，占总面积的 12.32%。其他类型的土壤面积比例都较小。

表 2-2　研究区域土壤类型

代码	土壤类型	面积/km²	面积比例/%
23110101	棕色针叶林土	62.27	0.21
23110121	黄棕壤	3 699.11	12.32
23110131	黄褐土	308.19	1.03
23110141	棕壤	1 216.42	4.05
23110151	暗棕壤	2 105.33	7.01
23111112	褐土	3.29	0.01
23115122	新积土	279.35	0.93
23115151	石灰（岩）土	601.86	2.00
23115171	紫色土	11 706.09	38.98
23115181	石质土	15.03	0.05
23115191	粗骨土	38.21	0.13
23116141	潮土	78.86	0.26
23119101	水稻土	4 912.76	16.36
23120102	草毡土	471.47	1.57
23120112	黑毡土	1 057.60	3.52
23120171	寒冻土	154.94	0.52
23121131	黄壤	3 318.42	11.05
	合计	30 029.20	100.00

土壤类型的属性数据同样通过 DBF 文件进行存储和计算，数据主要源于《1：100 万中华人民共和国土壤图》和《中国土种志》，其他数据参阅《中国土壤》进行补充确定。

2.3.3   方法构建

（1）亚流域划分

从计算效率和该研究区的实际情况出发，将研究区域最终划分为 21 个亚流域（图 2-5 及表 2-3）。

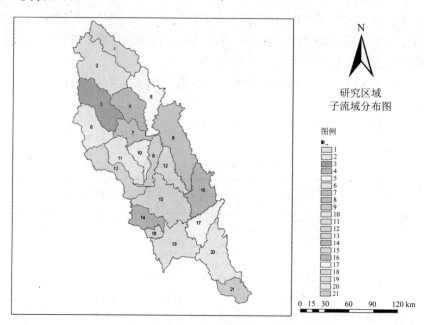

图 2-5   研究区域亚流域划分结果

表 2-3   研究区域亚流域的划分结果

亚流域代号	面积/km²	亚流域代号	面积/km²
1	1 483.71	12	1 005.98
2	2 793.86	13	1 505.8
3	1 757.4	14	759.92
4	1 312.52	15	2 467.26
5	1 631.72	16	1 501.83
6	1 463.46	17	1 127.32
7	808.09	18	241.12
8	2 664.01	19	1 915.2
9	734.63	20	2 046.09
10	714.63	21	744.88
11	1 349.77	合计	30 029.20

（2）APPI 方法参数确定

APPI 模型中的各指数计算结果如下。

1）径流指数 RI 的计算

①降雨径流模型。

APPI 模型中的径流指数采用美国水土保持局提出的 SCS 径流曲线数进行计算，这种方法是在对各种土壤和植被条件开展大量的降雨径流实验后得出的，适用于中小流域。SCS 模型综合考虑了流域降雨、土壤类型、土地利用方式及管理水平、前期土壤湿润状况与径流间的关系。SCS 降雨径流模型如下所示。

$$\begin{cases} Q = \dfrac{(P-0.2S)^2}{P+0.8S} &, \quad P \geq 0.2S \\ Q = 0 &, \quad P < 0.2S \end{cases} \qquad (2\text{-}15)$$

式中：P ——一次降雨的降雨总量，mm；

　　　S ——流域降雨前的潜在入渗量，mm；

　　　Q ——径流量，mm。

SCS 模型通过一个经验性的综合反映上述因素的参数-径流曲线数（Runoff Curve Number，记为 CN）来推求 S 值。

$$S = \frac{25\,400}{CN} - 254 \qquad (2\text{-}16)$$

CN 为反映降雨前期流域特征的无量纲综合参数，它主要与流域前期土壤湿润程度（AMC）有关。

②各参数的确定。

土壤水文类型的确定。研究区内土壤类型包括紫色土、水稻土、石灰（岩）土、黄棕壤、棕壤、新积土、黄壤、棕色针叶林土、潮土、寒冻土、草毡土、黑毡土、粗骨土、褐土、石质土、暗棕壤、黄褐土。其中，土壤的渗水率（渗水速率）、持水量和毛管水上升高度主要与土壤的质地有关。土壤质地的判定采用等边三角形法：等边三角形的三个边分别表示砂粒、粉粒、黏粒的含量。根据土壤中砂粒、粉粒、黏粒的含量，在图中查出其点位再分别对应其底边作平行线，三条平行线的交点即为该土壤的质地，如图 2-6 所示。

本章根据南京土壤研究所提供的土壤颗粒数据，首先采用等边三角形法确定出土壤质地，再根据土壤质地确定出土壤水文类型（如表 2-4 所示），结果如表 2-5 所示。

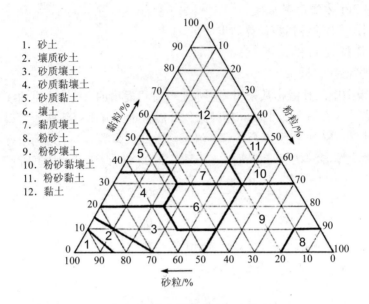

1. 砂土
2. 壤质砂土
3. 砂质壤土
4. 砂质黏壤土
5. 砂质黏土
6. 壤土
7. 黏质壤土
8. 粉砂土
9. 粉砂壤土
10. 粉砂黏壤土
11. 粉砂黏土
12. 黏土

图 2-6　等边三角形法示意图

表 2-4　SCS 模型中土壤水文组

土壤分类	土壤水文性质	最小下渗率/（mm/h）
A	在完全湿润的条件下具有较高渗透率的土壤。这类土壤主要由沙砾石组成，有很好的排水效果，导水能力强（产流低）。如厚层沙、厚层黄土、团粒化粉沙土	7.26～11.43
B	在完全湿润的条件下具有中等渗透率的土壤。这类土壤排水、导水能力和结构都属于中等。如薄层黄土、沙壤土	3.81～7.26
C	在完全湿润的条件下具有较低渗透率的土壤。这类土壤大多有一个阻碍水流向下运动的层，下渗率和导水能力较低。如黏壤土、薄层沙壤土、有机质含量低的土壤、黏质含量高的土壤	1.27～3.81
D	在完全湿润的条件下具有很低渗透率的土壤。这类土壤主要由黏土组成，有很高的涨水能力，大多有一个永久的水位线，黏土层接近地表，其深层几乎不影响产流，具有很低的导水能力。如吸水后显著膨胀的土壤、塑性的黏土、某些盐渍土	0～1.27

表 2-5 研究区域土壤水文类型

土壤类型	水文类型	土壤类型	水文类型
紫色土	D	潮土	B
水稻土	D	寒冻土	A
石灰（岩）土	B	草毡土	A
黄棕壤	B	黑毡土	B
棕壤	B	粗骨土	A
新积土	A	褐土	B
黄壤	D	石质土	C
棕色针叶林土	B	暗棕壤	D
黄褐土	D		

CN 值的确定。根据研究区域的土地利用方式、水文条件以及土壤类别可确定 CN 值，结果如表 2-6 所示。

表 2-6 土地利用类型的 CN 值

土地利用方式	代码	土壤类型			
		A	B	C	D
水田	11	62	71	78	81
旱地	12	72	81	88	91
有林地	21	36	60	73	79
灌木林	22	43	65	76	82
疏林地	23	45	66	77	83
其他林地	24	32	58	72	79
高覆盖度草地	31	49	69	79	84
中覆盖度草地	32	68	79	86	89
低覆盖度草地	33	68	79	86	89
河渠	41	98	98	98	98
湖泊	42	98	98	98	98
水库坑塘	43	98	98	98	98
永久性冰川雪地	44	98	98	98	98
滩地	46	36	58	70	79
城镇用地	51	60	74	83	87
农村居民用地	52	57	72	81	86
其他建设用地	53	36	60	72	79
裸岩石砾地	66	72	82	88	90

降雨量的确定。SCS 模型适用于中小汇水流域,模拟降雨产生的径流;而研究区域面积为 30 229.20 km²,降雨空间分布不均匀,因此本章采用降雨系数修正方法(将各地区多年平均降雨量与流域多年平均降雨量的比值作为降雨修正系数)修正 SCS 模型模拟的径流量。

SCS 模型输入的降雨数据需为单次降雨数据,考虑到研究区域面积较大,降雨空间分布不均匀,因此最终选取研究区域 7 个气象站点于同一时间(7 月 3 日)的降雨监测数据平均值(33.75 mm)作为降雨输入数据。根据四川省气象局提供的研究区域 12 个气象站点的降水资料(1997—2006 年),可得到各地区的降雨修正系数,进而对 SCS 的模拟结果进行修正。

计算结果。SCS 模型的模拟及修正结果如附录 B 图 B-3、表 2-7 所示。

表 2-7　研究区域径流指数的计算结果

亚流域编号	流量/mm	RI	亚流域编号	流量/mm	RI
1	19.37	0.94	12	9.58	−0.67
2	20.74	1.16	13	11.15	−0.41
3	23.12	1.56	14	5.56	−1.33
4	20.76	1.17	15	6.93	−1.11
5	18.77	0.84	16	7.99	−0.93
6	24.17	1.73	17	11.21	−0.40
7	22.01	1.37	18	5.54	−1.34
8	11.94	−0.28	19	7.45	−1.02
9	12.27	−0.23	20	9.72	−0.65
10	14.48	0.13	21	10.28	−0.56
11	14.12	0.07			

从表 2-7 可以看出,1~7 号亚流域的径流指数明显高于其他亚流域,这主要是因为这些亚流域位于涪江流域的西北部,地势较高,极易形成降雨径流的汇水区,故产生的径流量较大,相应其径流指数也较大。

2)泥沙产生指数 SPI 的计算

影响泥沙流失指数的参数比较多,有降雨侵蚀、土壤侵蚀、地形参数、植被覆盖和管理参数等。本章采用土壤侵蚀模数来表征泥沙流失指数。单位时间单位面积产生的土壤侵蚀量称为土壤侵蚀速率(或速度),或称为土壤侵蚀模数,单位是 t /(hm²·a)。

①土壤侵蚀模型。

水土流失是非点源污染的一个主要形式。泥沙本身是一种污染物，又是其他污染物的载体，泥沙量与氮磷污染物的发生量有一定的相关性。因此，通过计算泥沙的流失量，就可得到氮磷污染物的发生量。Wischmeier 和 Smith 于 1978 年（Wischmeier and Smith，1978）提出了著名的通用土壤流失方程，为计算特定条件下的土壤流失提供了可靠的工具。该模型把众多相关联的自然和管理参数归入 6 个主要因子，是目前预测土壤侵蚀最广泛使用的方法之一。该方程的优点是形式非常简单，所需的参数较易获得。本章采用修正的通用土壤流失方程（RUSLE）计算土壤侵蚀模数，RUSLE 从模型结构和因子算法等两方面改进了 USLE，具有更广泛的应用范围和更高的模拟精度。

$$A = R \cdot K \cdot \mathrm{LS} \cdot C \cdot P \tag{2-17}$$

式中：A——年均土壤侵蚀模数，$t/(hm^2 \cdot a)$；

R——降雨侵蚀力因子；

K——土壤可侵蚀性因子；

LS——地形因子，其中 L 为坡长因子，S 为坡度因子；

C——作物经营管理因子；

P——水土保持措施因子。

②模型各参数的确定。

降雨侵蚀力因子 R。降雨侵蚀力是土壤流失方程的关键因子，表征的是降雨引起侵蚀的潜在能力。R 值计算主要采用经验公式，本章采用 Wischmeier 经验公式来确定 R 值，本方法在我国很多地区都得到了较好应用，其表达式如下：

$$R = \sum_{i=1}^{12} \left[1.735 \times 10^{1.5 \times \lg \frac{p_i^2}{p} - 0.818\,8} \right] \tag{2-18}$$

式中：p——年平均降雨量，mm；

p_i——各月平均降雨量，mm。

本章采用涪江流域 12 个气象站点的数据（1997—2006 年）。首先计算出每个站点的 R 值，然后借助 ArcGIS 平台采用内插外延法和表面等值线法，生成 R 图，见附录 B 图 B-4。

土壤可蚀性因子 K。该因子反映了在其他影响因子不变时不同类型土壤所具有的侵蚀速度。影响该因子的因素较多，但一般说来，质地越粗或越细的土壤有较低 K 值，而质地适中的反而有较高的 K 值。

估算 K 值的方法很多，最常用的方法是 Wischmeier 提出的可蚀性诺谟图（初征，2008）。可蚀性诺谟图要求有土壤结构系数和渗透级别资料。本次收集的土壤背景资料来自于全国第二次土壤普查成果资料，但是这些资料很少，不宜直接应用 Wischmeier 经验法。而在 EPIC 模型中，发展了土壤可蚀性因子 K 的估算方法，使其应用更为简便。K 值的估算主要基于土壤有机碳和土壤颗粒组成等资料，其公式如下所示：

$$K = \{0.2 + 0.3\exp[-0.025\,6Sd(1-Si/100)]\} \times [Si/(Ci+Si)]^{0.3}$$
$$\times \{1.0 - 0.025C/[C + \exp(3.72 - 2.95C)]\} \qquad (2\text{-}19)$$
$$\times \{1.0 - 0.7 \times Sn/[(Sn + \exp(-5.51 + 22.9 \times Sn))]\}$$

式中：Sd——砂粒含量，%；

Si——粉粒含量，%；

Ci——黏粒含量，%；

C——有机碳含量，%；

Sn=1-Sd/100。

本章采用上述公式计算 K 值，土壤粒径参考《1：100 万中国土壤数据库》中的数据，最终计算结果如表 2-8 及附录 B 图 B-5 所示。

表 2-8　土壤可侵蚀性因子 K 的计算结果

代号	土壤类型	Sd	Si	Ci	C	K
23115171	紫色土	29.76	24.21	16.98	0.86	0.298
23119101	水稻土	17.30	38.24	34.78	1.75	0.275
23115151	石灰（岩）土	12.72	32.21	42.35	1.76	0.267
23110121	黄棕壤	10.37	59.12	20.15	3.52	0.322
23110141	棕壤	20.20	28.68	30.92	4.72	0.245
23115123	冲积土	34.37	19.69	11.57	3.25	0.227
23121131	黄壤	36.14	12.09	15.65	0.74	0.251
23110101	棕色针叶林土	16.15	42.91	24.79	18.30	0.286
23116141	潮土	21.95	32.76	23.34	2.08	0.262
23120171	寒冻土	39.99	11.56	8.46	5.28	0.204
23120102	草毡土	63.60	23.40	13.00	7.72	0.185
23120112	黑毡土	32.22	47.00	18.56	5.22	0.267
23115191	粗骨土	33.05	21.7	12.2	1.19	0.272
23111112	褐土	37.41	17.80	7.39	4.67	0.227
23115181	石质土	26.75	21.4	25.1	3.01	0.223
23110151	暗棕壤	21.15	42.28	15.43	10.06	0.287
23110131	黄褐土	30.8	43.5	25.7	1.57	0.273

　　地形因子 LS。该因子是代表地形条件变化产生侵蚀的主要水力因素，是一个量纲一的数值。本章采用 Mushtak 建立的模型（2003）来计算地形因子：

$$LS = (Flow_{Accumulation} \times cell_{size} / 22.13)^{0.4} \times sin(slope / 0.089\,6)^{1.3} \qquad (2\text{-}20)$$

　　式中：$Flow_{Accumulation}$、$cell_{size}$、slope 均从 DEM 中提取。

　　地形因子 LS 的计算结果如附录 B 图 B-6 所示。

　　作物经营管理因子 C。地表覆盖因子是根据地面植被覆盖状况不同而反映植被对土壤侵蚀影响的因素，它与土地利用类型、覆盖度密切相关。C 值是一个无量纲的数值，它的取值范围在 0～1，在地表完全没有植被保护的情况下，C 值定为 1；地面完全被植被覆盖，则 C 值可取为 0。

　　本章根据土地利用现状图，以 ArcGIS 为平台，将土地利用分为林地、草地、水域、居民用地、水田、旱田和裸露地。C 值通过查阅文献法获取，结果如图 2-12 和表 2-9 所示。

表 2-9　作物经营管理因子 C

代码	土地利用方式	C 值	代码	土地利用方式	C 值
11	水田	0.18	41	河渠	0.03
12	旱地	0.46	42	湖泊	0
21	有林地	0.006	43	水库坑塘	0
22	灌木林	0.024	44	永久性冰川雪地	0
23	疏林地	0.017	46	滩地	0.06
24	其他林地	0.1	51	城镇用地	0.3
31	高覆盖度草地	0.004	52	农村居民点	0.391
32	中覆盖度草地	0.07	53	其他建设用地	0.3
33	低覆盖度草地	0.14	66	裸岩石砾地	0.18

　　水土保持措施因子 P。土壤侵蚀模型中的 P 因子反映了水土保持措施对于坡地土壤流失量的控制作用。它是在其他条件相同的情况下，布设某一水土保持措施的坡耕地土壤流失量与无任何水土保持措施的坡耕地土壤流失量之比值。P 值的大小一般在 0～1，植被的 P 值为 1。本章根据相关文献提供的资料，获取不同水土保持措施因子的 P 值（表 2-10）。

表 2-10　水土保持措施因子 P

代码	土地利用方式	P 值	代码	土地利用方式	P 值
11	水田	0.15	41	河渠	0
12	旱地	0.35	42	湖泊	0
21	有林地	1	43	水库坑塘	0
22	灌木林	1	44	永久性冰川雪地	0
23	疏林地	1	46	滩地	0
24	其他林地	1	51	城镇用地	0
31	高覆盖度草地	1	52	农村居民点	0
32	中覆盖度草地	1	53	其他建设用地	0
33	低覆盖度草地	1	66	裸岩石砾地	0

3）化肥使用指数 CUI 计算

化肥的使用是造成农业面源污染的一个重要的因素。本章以化肥使用强度来表征化肥使用指数[t/（km^2·a）]。研究区域的化肥使用指数 CUI 计算结果如表 2-11 和附录 B 图 B-7 所示。

表 2-11　化肥使用指数 CUI 计算结果

亚流域编号	化肥使用量/（t/a）	面积/km^2	化肥使用指数/[t/（km^2·a）]	归一化结果
1	1 432.02	1 483.71	0.97	−1.21
2	1 775.73	2 793.86	0.64	−1.24
3	1 715.49	1 757.4	0.98	−1.21
4	1 865.06	1 312.52	1.42	−1.17
5	3 778.41	1 631.72	2.32	−1.09
6	1 527.87	1 463.46	1.04	−1.20
7	2 511.43	808.09	3.11	−1.02
8	26 504.9	2 664.01	9.95	−0.40
9	16 183.24	734.63	22.03	0.69
10	10 934.11	714.63	15.30	0.09
11	19 813.98	1 349.77	14.68	0.03
12	20 693.7	1 005.98	20.57	0.56
13	31 566.79	1 505.8	20.96	0.60
14	24 914.78	759.92	32.79	1.67
15	43 361	2 467.26	17.57	0.29
16	26 107.8	1 501.83	17.38	0.27
17	21 206.04	1 127.32	18.81	0.40
18	9 395.38	241.12	38.97	2.23
19	42 404.01	1 915.2	22.14	0.71
20	45 779.49	2 046.09	22.37	0.73
21	12 946.72	744.88	17.38	0.27

由附录 B 图 B-7 可以看出，编号为 18、14 两个亚流域的化肥使用指数明显高于其他亚流域，这与两个亚流域的土地利用方式存在较大关系。一般而言，农田比例越高，则相应的施肥量也越高，两者具有较好的相关性。两个亚流域均地处四川省德阳市的中江县。根据德阳市 2006 年统计年鉴，中江县的耕地面积占整个土地面积比例为 33.56%，高于研究区内其他城县，对应其化肥使用量也相对较高。加之这两个亚流域面积较小，因此其化肥使用强度较大，化肥使用指数也偏大。

4）人畜排放使用指数 PALI 的计算

人畜排放使用指数主要与区域内的人口、家禽以及该区域的面积有关。计算出各行政区域全年氮磷的人畜排放量后，再将该值除以对应行政区域的面积，即得到各行政区的人畜排放指数。人畜排放量主要根据人及牲畜的排放系数求得。牲畜排放系数是与牲畜种类、品种、生长期、饲料甚至气候等诸多因素有关，但是一般波动不大。本章参照丁晓雯在长江上游非点源污染时空变化规律研究中的部分成果（丁晓雯，2007），结合查阅文献法，确定了人畜排放系数，见表 2-12。

表 2-12 总氮、总磷输出系数表 单位：$t/(头·10^4·a)$

类型	总氮	总磷
人	19.547	2.142
大牲畜	113.715	2.179
猪	26.667	1.417
羊	15.134	0.450
家禽	0.459	0.054

在估算各种畜禽平均饲养时间时，存栏天数的饲养期按全年计算；出栏头数的饲养期参考国内外资料和调查情况，确定不同种类的出栏畜禽饲养期。猪的出栏饲养天数约 300 d；牛、羊生长期比较长，按 365 d 计；家禽一般为 50～55 d，估算以 55 d 计。人畜排放指数的计算结果见表 2-13～表 2-18 及附录 B 图 B-8。

表 2-13　畜禽排放产生的总磷负荷　　　　　　　　单位：t/a

行政地区	牛/头	猪/头	羊/只	家禽/只	合计
平武县	6.66	9.53	1.60	2.13	19.92
松潘县	3.70	0.48	0.38	0.02	4.59
北川县	2.88	9.74	3.11	2.08	17.81
江油市	4.81	26.93	0.88	10.61	43.22
茂县	0.51	0.48	0.12	0.02	1.13
绵竹市	0.38	18.94	0.11	4.32	23.75
安县	2.35	24.31	0.20	12.45	39.31
德阳市	2.02	18.14	0.08	9.70	29.94
涪城区＋游仙区	5.14	29.65	0.88	20.10	55.78
梓潼县	4.54	15.01	2.98	9.06	31.58
中江县	13.21	69.62	5.22	31.19	119.24
三台县	12.54	55.53	3.24	21.94	93.26
盐亭县	9.01	37.95	5.13	20.27	72.36
射洪县	5.21	39.18	3.51	21.06	68.94
蓬溪县＋大英县	3.20	37.63	3.46	11.10	55.39
乐至县	0.22	9.50	2.22	3.41	15.34
船山区＋安居区	0.94	27.66	1.27	8.70	38.58
潼南县	0.79	22.02	0.38	7.55	30.74
合川市	0.14	4.80	0.12	0.90	5.96
合计	78.26	457.10	34.89	196.59	766.83

表 2-14　畜禽排放产生的总氮负荷　　　　　　　　单位：t/a

行政地区	牛/头	猪/头	羊/只	家禽/只	合计
平武县	347.86	179.26	53.86	18.1	599.08
松潘县	193.41	9.03	12.82	0.18	215.44
北川县	150.14	183.36	104.55	17.68	455.73
江油市	250.74	506.71	29.5	90.16	877.11
茂县	26.71	8.96	3.98	0.18	39.83
绵竹市	19.51	356.5	3.82	36.7	416.53
安县	122.92	427.61	6.61	105.78	662.92
德阳市	105.32	341.51	2.77	82.44	532.04
涪城＋游仙区	268.07	558	29.79	170.9	1 026.76
梓潼县	636.94	2 782.5	100.14	76.95	3 596.53
中江县	689.47	1 310.28	175.4	265.1	2 440.25
三台县	654.78	1 044.94	109.06	186.47	1 995.25
盐亭县	469.97	714.27	172.51	172.28	1 529.03
射洪县	271.59	737.24	118.24	178.94	1 306.01
蓬溪县＋大英县	167.09	2 508.21	116.46	94.3	2 886.06
乐至县	11.5	258.78	74.46	28.98	373.72
船山区＋安居区	48.8	520.56	42.86	73.98	686.2
潼南县	41.92	414.35	12.54	64.18	532.99
合川市	7.38	90.35	3.91	7.67	109.31
合计	4 484.12	12 952.42	1 173.28	1 670.97	20 280.79

表 2-15　畜禽排放产生的非点源污染负荷　　　　　单位：t/a

行政地区	总氮	总磷	合计
平武县	599.08	19.92	619
松潘县	215.45	4.59	220.04
北川县	455.73	17.81	473.54
江油市	877.12	43.22	920.34
茂县	39.84	1.13	40.97
绵竹市	416.54	23.75	440.29
安县	692.93	39.31	732.24
德阳市	532.05	29.94	561.99
涪城区＋游仙区	1 026.78	55.78	1 082.56
梓潼县	3 696.42	31.58	3728
中江县	2 440.25	119.24	2 559.49
三台县	1 995.24	93.26	2 088.5
盐亭县	1 529.03	72.36	1 601.39
射洪县	1 306.02	68.94	1 374.96
蓬溪县＋大英县	2 886.07	55.39	2 941.46
乐至县	293.73	15.34	309.07
船山区＋安居区	586.2	38.58	624.78
潼南县	582.96	30.74	613.7
合川市	109.34	5.96	115.3
合计	20 280.79	766.83	21 047.62

表 2-16　居民排放的非点源污染负荷　　　　　单位：t/a

行政地区	人口/万人	总磷	总氮	合计
平武县	18.03	352.43	38.62	391.05
松潘县	1.45	28.34	3.11	31.45
北川县	15.96	311.97	34.19	346.16
江油市	68.46	1 338.19	146.64	1 484.83
茂县	1.45	28.34	3.11	31.45
绵竹市	20.82	406.97	44.60	451.56
安县	50.21	981.45	107.55	1 089.00
德阳市	45.24	884.31	96.90	981.21
涪城区＋游仙区	114.50	2 238.13	245.26	2 483.39
梓潼县	37.75	737.90	80.86	818.76
中江县	135.39	2 646.47	290.01	2 936.47
三台县	145.78	2 849.56	312.26	3 161.82
盐亭县	59.69	1 166.76	127.86	1 294.62
射洪县	99.10	1 937.11	212.27	2 149.38
蓬溪县＋大英县	100.23	1 959.20	214.69	2 173.89
乐至县	17.28	337.77	37.01	374.79
船山区＋安居区	68.53	1 339.56	146.79	1 486.35
潼南县	48.88	955.46	104.70	1 060.16
合川市	12.65	247.27	27.10	274.37
合计	1 061.40	20 747.19	2 273.52	23 020.70

表 2-17   人畜排放的非点源污染负荷   单位: t/a

行政地区	居民氮磷排放量	畜禽氮磷排放量	合计
平武县	391.05	619	1 010.05
松潘县	31.45	220.04	251.49
北川县	346.16	473.54	819.7
江油市	1 484.83	920.34	2 405.17
茂县	31.45	40.97	72.42
绵竹市	451.56	440.29	891.85
安县	1089	732.24	1 821.24
德阳市	981.21	561.99	1 543.2
涪城区+游仙区	2 483.39	1 082.56	3 565.95
梓潼县	818.76	3728	4 546.76
中江县	2 936.47	2 559.49	5 495.96
三台县	3 161.82	2 088.5	5 250.32
盐亭县	1 294.62	1 601.39	2 896.01
射洪县	2 149.38	1 374.96	3 524.34
蓬溪县+大英县	2 173.89	2 941.46	5 115.35
乐至县	374.79	309.07	683.86
船山区+安居区	1 486.35	624.78	2 111.13
潼南县	1 060.16	613.7	1 673.86
合川市	274.37	115.3	389.67
合计	23 020.71	21 047.62	44 068.33

表 2-18   人畜排放指数的计算结果

亚流域编号	行政区面积/km²	人畜氮磷排放量/(t/a)	人畜排放指数/[t/(km²·a)]	归一化结果
1	1 483.71	398.99	0.27	−1.38
2	2 793.86	734.81	0.26	−1.39
3	1 757.40	639.80	0.36	−1.28
4	1 312.52	547.15	0.42	−1.22
5	1 631.72	670.11	0.41	−1.23
6	1 463.46	392.17	0.27	−1.38
7	808.09	471.38	0.58	−1.05
8	2 664.01	3 515.72	1.32	−0.28
9	734.63	1 558.23	2.12	0.55
10	714.63	1 143.18	1.60	0.01
11	1 349.77	2 192.28	1.62	0.03
12	1 005.98	2 616.47	2.60	1.05
13	1 505.80	3 269.04	2.17	0.61
14	759.92	2 133.36	2.81	1.27
15	2 467.26	6 554.02	2.66	1.12
16	1 501.83	3 149.21	2.10	0.53
17	1 127.32	2 777.96	2.46	0.91
18	241.12	648.10	2.69	1.15
19	1 915.20	4 542.49	2.37	0.81
20	2 046.09	4 564.04	2.23	0.67
21	744.88	1 549.82	2.08	0.51

人畜排放指数主要与流域内的人口、家畜、家禽以及该流域的面积有关。由表 2-18 可以看出，14 号、18 号、15 号、12 号亚流域的人畜排放指数较高，其原因在于这几个亚流域分别地处德阳市的中江县和绵阳市的三台县。根据四川省原环保局农村污染控制监督管理处提供的资料，这两个县均为四川省农业大县，人口及家庭养殖规模较大，行政区域面积又相对适中，因此其人畜排放指数较其他地方要大很多。

5）权重的确定

确定 APPI 模型中各因子的权重比较困难。本章根据研究区域的地形地貌、土地利用、人口密度、农牧等情况，参考了近几年对本地区农业非点源污染方面的研究，在咨询四川省原环保局、四川省水文水资源勘测局、绵阳市环保局、绵阳市环境监测站等有关单位专家意见的基础上，结合涪江流域的实际污染状况，得到各因子的权重，如表 2-19 所示。

表 2-19　APPI 模型中各因子的权重

因子	RI	SPI	CUI	PALI
权重	0.22	0.24	0.26	0.28

（3）PLOAD 模型构建

在 APPI 模型模拟的基础上，将识别出的污染流失高风险区（14 号、18 号亚流域）进一步划分次级亚流域，并采用更为精细的 PLOAD 模型及单位负荷法，对非点源污染产生量（污染负荷强度）进行了估算；最终，找出了污染负荷产生量较大的地块，作为次一级的优先控制区。

1）亚流域划分

流域的边界决定了计算污染负荷的范围。本章使用国家基础地理信息中心提供的全国 1:25 万 DEM 影像图，运用 ArcView 经过投影变换和流域界限划分等几个步骤，将识别出的污染流失高风险区进一步细分成 34 个亚流域，见图 2-7。各个亚流域的面积见表 2-20。

2）输入数据

土地利用方式是影响非点源污染的关键因素，PLOAD 模型在计算非点源污染负荷量时是以不同土地利用类型进行分类计算的。本章采用长江水利委员会提供的长江上游土地利用图（1:25 万），用 GIS 软件切割流域边界，最终得到研究区土地利用类型图（见附录 B 图 B-9）。研究区域的土地利用包括旱地、水田、林地、草地、水域、居民用地等类型，其中耕地约占总面积 1/3。表 2-21 列出了各种土地利用类型的面积。

表 2-20 优先控制区各个亚流域的面积

流域代号	流域面积/km²	流域代号	流域面积/km²
1	17.09	19	23.8
2	68.71	20	77.76
3	36.13	21	31.45
4	21.57	22	19.51
5	17.84	23	32.32
6	21.52	24	63.18
7	30.95	25	32.94
8	7.77	26	34.28
9	19.8	27	27.21
10	25.04	28	16.47
11	23.46	29	18.79
12	20.37	30	46.56
13	20.54	31	28.66
14	16.63	32	25.49
15	35.81	33	44.08
16	61.02	34	16.37
17	48.64	合计	1 061.44
18	29.67		

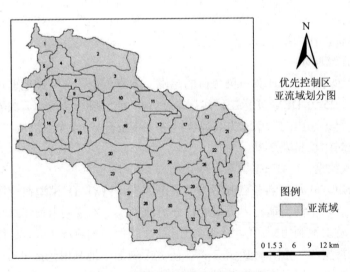

图 2-7 优先控制区亚流域划分图

表 2-21　优先控制区的土地利用类型的面积　　　　单位：km²

土地利用类型	水田	旱地	林地	草地	水域	居民用地	未利用土地	合计
面积	169.71	201.84	139.69	463.14	15.01	47.72	24.33	1 061.44

可以看出，每块亚流域包含多种土地利用信息，在此利用 GIS 工具将亚流域和土地利用空间分布信息进行处理，最终得到每个亚流域的污染负荷产生量。

3）参数确定

输出系数法。国内尚缺乏系统、全面的输出系数研究，给本方法的推广和运用带来了困难。但也有国内研究者取得了一定的成果，如丁晓雯（2007）针对非点源污染模型中的输出系数模型，提出了一种基于历史水文水质资料的参数确定方法，并应用本方法对长江上游 2000 年的输出系数和总氮负荷进行了计算和模拟，结果表明模型模拟值与实际监测值的相对误差为 21.90%，能够满足模拟精度的要求。在其研究成果的基础上，本章进一步结合文献查阅最终确定了研究区的输出系数，结果如表 2-22 所示。

表 2-22　不同土地利用类型的输出系数　　　　单位：t/（km²·a）

系数	旱地	水田	林地	草地	水域	居民用地	未利用土地
总氮	4.51	2.24	0.238	1	1.5	1.1	1.49
总磷	0.14	0.07	0.015	0.08	0.036	0.024	0.051

人畜排放量估算。采用单位负荷法估算人畜排放产生的非点源污染负荷，其中人畜排放系数采用丁晓雯在长江上游地区的研究成果（丁晓雯，2007），如表 2-23 所示。人畜年污染物的排放量计算公式为：

牲畜污染排放量（t/a）=牲畜的排放系数[t/（a·头）]×饲养数量（头、只）

居民污染排放量（t/a）=居民的排放系数[t/（a·头）]×人数

居民人数、牲畜数量采用德阳市 2006 年统计年鉴的数据，依照上述公式，计算人畜的年非点源污染物排放量，结果如表 2-23 所示。

表 2-23　优先控制区人畜总氮、总磷的年排放量

类型	总氮/（t/a）	总磷/（t/a）	总氮/[t/（km²·a）]	总磷/[t/（km²·a）]
牲畜	594.41	31.84	0.56	0.03
人	1 411.72	159.22	1.33	0.15

2.3.4　识别结果

（1）污染流失高风险区识别结果

根据各个指数的标准化结果，运用 APPI 模型，得到研究区域各亚流域的污染潜力指数，结果如表 2-24 和附录 B 图 B-10 所示。

表 2-24　非点源污染潜力指数 APPI 的计算结果

亚流域编号	RI	SPI	CUI	PALI	APPI
1	0.94	1.25	−1.21	−1.38	−0.19
2	1.16	1.61	−1.24	−1.39	−0.07
3	1.56	1.47	−1.21	−1.28	0.02
4	1.17	1.63	−1.17	−1.22	0.00
5	0.84	1.46	−1.09	−1.23	−0.09
6	1.73	0.78	−1.20	−1.38	−0.13
7	1.37	0.73	−1.02	−1.05	−0.08
8	−0.28	−0.54	−0.40	−0.28	−0.37
9	−0.23	−1.26	0.69	0.55	−0.02
10	0.13	−1.01	0.09	0.01	−0.19
11	0.07	−0.52	0.03	0.03	−0.09
12	−0.67	−0.84	0.56	1.05	0.09
13	−0.41	−0.63	0.60	0.61	0.08
14	−1.33	−0.05	1.67	1.27	0.48
15	−1.11	−0.85	0.29	1.12	−0.06
16	−0.93	−0.15	0.27	0.53	−0.02
17	−0.40	−0.58	0.40	0.91	0.13
18	−1.34	0.09	2.23	1.15	0.63
19	−1.02	−0.58	0.71	0.81	0.05
20	−0.65	−1.00	0.73	0.67	−0.01
21	−0.56	−1.01	0.27	0.51	−0.15

可以看出：18 号、14 号亚流域的污染潜力指数位居前两位，为非点源污染发生潜力较大的区域。其中，18 号亚流域的污染潜力指数最大，为 0.63；其次为 14 号亚流域，其非点源污染发生潜力指数为 0.48。分析表明，这两个亚流域除了径流指数 RI 较低外，其他三个指标（SPI、CUI、PALI）都比较高，尤其是化肥使用指数 CUI 显著高于其他亚流域，主要因为这两个亚流域地处的中江县是农业大县，耕地面积所占比重较大，人口密度大，畜禽养殖业比较发达。根据德阳市 2006 年统计年鉴数据，中江县的牛、猪养殖数量是整个流域所有乡镇中最多的，家禽养殖数量也位居第二。根据《中江县生态规划》，中江县为农业大县、人口大县，工业企业规模较少，地表水污染主要源自农村生活和面源污染。近几年来，随着中江县的畜禽养殖逐年增加，畜禽养殖产生的废水加大了地表水的污染；另外，该区域同样存在着化肥、农药和农田径流污染。

8 号亚流域的 APPI 值为-0.37，是非点源污染潜力最小的亚流域。该亚流域包括梓潼县及部分江油市。根据绵阳市 2006 年统计年鉴中的数据，梓潼县的总人口为 37.75 万人，与其他行政区域相比，属于人口规模较小的区域，因此导致人畜排放指数偏小；此外，土壤侵蚀的计算表明，该亚流域的土壤侵蚀模数为 305.07 t/（hm^2·a）。根据土壤侵蚀分级标准，其土壤侵蚀以轻度侵蚀为主，这主要由于该区域地势比较平坦，在相同的降雨条件下，产生的泥沙量较小的缘故。

根据非点源污染发生潜力指数，确定编号为 18 和 14 的亚流域作为非点源污染流失风险较高的区域，即优先控制区。

（2）高污染负荷区识别结果

上述识别出的 18 号和 14 号亚流域面积分别为 759.92 km^2 和 241.12 km^2，流域面积较大。为了将有限的资金运用在最需要控制的区域中，应用 PLOAD 模型对其次级亚流域的总氮、总磷的年负荷量进行了模拟计算，并应用 GIS 的空间分析能力实现了对流域数据提取、模型计算、结果显示的功能。计算结果见表 2-25 及附录 B 图 B-11、图 B-12。

为了消除流域面积对非点源污染负荷量的影响，本章利用氮素、磷素负荷强度值对各亚流域进行排序。由附录 B 图 B-11、图 B-12 可以明显地看出，10 号、15 号、19 号、23 号、27 号亚流域的总氮、总磷污染负荷强度明显较大，是非点源污染较为严重的区域。其主要原因在于这 5 个亚流域土地利用类型均以耕地为主，由于耕地的输出系数较大，因此相应的氮磷负荷产生量也高。由此可见，非点源污染负荷高强度区主要集中在农事活动发达地区，土地的不合理利用及粗放的农业耕作方式是该地区氮磷高强度负荷的重要原因。

表 2-25 总氮、总磷负荷产生量的模拟结果

编号	面积/km²	总氮/（t/a）	总磷/（t/a）	总氮/[t/（km²·a）]	总磷/[t/（km²·a）]
1	17.09	5.86	0.301	0.343	0.018
2	68.71	95.429	3.085	1.389	0.045
3	36.13	50.653	2.37	1.402	0.066
4	21.57	27.518	1.619	1.276	0.075
5	17.84	25.883	0.662	1.444	0.037
6	21.52	30.874	1.041	1.434	0.048
7	30.95	17.522	0.813	0.566	0.026
8	7.77	10.504	0.597	1.352	0.077
9	19.8	16.313	0.621	0.821	0.031
10	25.04	90.876	2.812	3.629	0.112
11	23.46	38.753	1.909	1.652	0.081
12	20.37	19.757	0.704	0.97	0.035
13	20.54	27.429	1.573	1.335	0.077
14	16.63	12.427	0.492	0.747	0.03
15	35.81	139.79	4.419	3.903	0.123
16	61.02	86.084	2.976	1.411	0.049
17	48.64	63.845	2.16	1.313	0.044
18	29.67	18.508	0.641	0.622	0.022
19	23.8	106.275	3.308	4.466	0.139
20	77.76	135.365	6.54	1.74	0.084
21	31.45	20.917	0.814	0.665	0.026
22	19.51	11.118	0.412	0.57	0.021
23	32.32	140.998	4.38	4.362	0.136
24	63.18	91.247	3.122	1.444	0.049
25	32.94	23.028	1.004	0.699	0.03
26	34.28	32.345	1.189	0.944	0.035
27	27.21	120.876	3.772	4.442	0.139
28	16.47	6.312	0.308	0.383	0.019
29	18.79	8.759	0.392	0.466	0.021
30	46.56	81.618	2.687	1.753	0.058
31	28.66	13.5	0.64	0.471	0.022
32	25.49	33.122	1.669	1.299	0.065
33	44.08	41.586	1.542	0.942	0.035
34	16.37	6.576	0.379	0.402	0.023
合计	1 061.44	1 651.665	60.953		

营养物来源主要包括了农业用地、城镇用地、自然地、牲畜和人 5 大类。综合 PLOAD 模型和人畜量模拟结果，最终得出各亚流域的污染负荷强度，结果见表 2-26。

表 2-26　各亚流域非点源污染负荷强度　　　　　单位：t/（km²·a）

编号	总氮	总磷	编号	总氮	总磷
1	2.233	0.198	18	2.512	0.202
2	3.279	0.225	19	6.356	0.319
3	3.292	0.246	20	3.63	0.264
4	3.166	0.255	21	2.555	0.206
5	3.334	0.217	22	2.46	0.201
6	3.324	0.228	23	6.252	0.316
7	2.456	0.206	24	3.334	0.229
8	3.242	0.257	25	2.589	0.21
9	2.711	0.211	26	2.834	0.215
10	5.519	0.292	27	6.332	0.319
11	3.542	0.261	28	2.273	0.199
12	2.86	0.215	29	2.356	0.201
13	3.225	0.257	30	3.643	0.238
14	2.637	0.21	31	2.361	0.202
15	5.793	0.303	32	3.189	0.245
16	3.301	0.229	33	2.832	0.215
17	3.203	0.224	34	2.292	0.203

根据本课题组对长江上游氮磷负荷强度的估算结果，嘉陵江流域的总氮污染负荷强度为 2.72 t/（km²·a）（丁晓雯，2007）；宜宾地区的总氮平均污染负荷强度为 3.6 t/（km²·a），总磷平均污染负荷强度为 0.179 t/（km²·a）（刘芳，2007）。由表 2-26 可知，涪江流域的总氮污染负荷强度范围为 2.233～6.356 t/（km²·a），总磷为 0.198～0.319 t/（km²·a），总氮的最大污染负荷强度是嘉陵江水系平均污染负荷的 2.34 倍，是宜宾地区的 1.77 倍；总磷的最大污染负荷强度是宜宾地区的 1.78 倍。本章在综合考虑治理流域的技术、经济等条件后，选取编号为 10、15、19、23、27 5 个次级亚流域作为非点源污染控制的重点地区，即次级优先控制区。

2.4 本章小节

本章首先选择农业非点源污染潜力指数系统（APPI），并结合 GIS 技术来评价涪江流域非点源污染发生潜力，识别该流域氮磷污染流失的重点发生区；然后，对污染流失高风险区进行了次级亚流域划分，并采用更为精细的 PLOAD 模型及单位负荷法估算了次级亚流域的污染负荷强度，从而实现了优先控制区的降尺度识别。相关结果如下所示：

①运用 APPI 模型结合 GIS 技术，最终得到了研究区非点源污染潜力指数值。其中，编号为 18、14 的亚流域其非点源污染发生潜力指数位居前两位，为非点源污染发生潜力较大的区域。主要因为这两个亚流域地处的农业大县，可见施肥、耕作等人类活动是流域尺度污染流失风险的关键影响因素。研究区域编号为 8 的亚流域 APPI 值为–0.37，是非点源污染潜力最小的亚流域。

②采用非点源污染负荷 PLOAD 模型对 18 号、14 号亚流域内的农业用地、城镇用地、自然地、牲畜和人 5 大类污染输出进行了估算，并结合 GIS 技术最终得到了研究区污染负荷强度的空间分布。结果表明，总氮和总磷的污染负荷强度介于 2.233～6.356 t/（km²·a）和 0.198～0.319 t/（km²·a），在长江上游各流域中处于较高水平。最终确定优先控制区中编号为 10、15、19、23、27 5 个亚流域作为涪江流域非点源污染的次级优先控制区。

③基于 APPI 模型和 PLOAD 模型耦合的优先控制区识别方法有效地解决了非点源污染空间分布不均的问题，但模型并没有从机理上考虑非点源的产生过程，无法有效地指导流域非点源污染控制措施的布设；因此，本方法体系更适合应用于资料缺失的地区；对于资料相对充足的研究区，需加强基于机理模型的非点源污染负荷研究。

参考文献

[1] 程红光，郝芳华，任希岩，等. 不同降雨条件下非点源污染氮负荷入河系数研究[J]. 环境科学学报, 2006, 26（3）: 392-397.

[2] 丁晓雯. 长江上游非点源污染时空变化规律研究[D]. 北京：北京师范大学, 2007.

[3] 丰江帆，吴勇. 基于非线性理论的太湖流域水环境决策支持模型[J]. 资源开发与市场, 2008, 24（7）: 601-602.

[4] 郭红岩，王晓蓉，朱建国. 太湖一级保护区非点源磷污染的定量化研究[J]. 应用生态学报，2004，15（1）：136-140.

[5] 黄国如，姚锡良，胡海英. 农业非点源污染负荷核算方法研究[J]. 水电能源科学，2011，29（11）：28-32.

[6] 刘芳. 农业与农村经济政策演变对长江上游非点源污染的影响[D]. 北京：北京师范大学，2007.

[7] 王小治，王爱礼，尹微琴，等. 太湖流域农业非点源污染优先识别区研究——以昆山为例[J]. 农业环境科学学报，2009，28（9）：1874-1879.

[8] 王宁，郭红岩，王晓蓉，等. 太湖河网地区农村非点源氮负荷——以宜兴市大浦镇为例[J]. 生态学杂志，2008，27（4）：557-562.

[9] 张淑荣，陈利顶. 农业区非点源污染敏感性评价的一种方法[J]. 水土保持学报，2001，15（2）：56-59.

[10] Buck S P，Wolfe M L，Mostaghimi S，et al. Application of probabilistic risk assessment to agricultural nonpoint source pollution[J]. Journal of Soil and Water Conservation，2000，55（3）：340-346.

[11] Guo H Y，Zhu J G，Wang X R，et al. Case study on nitrogen and phosphorus emissions from paddy field in Taihu region[J]. Environmental Geochemistry and Health，2004，26（2）：209-219.

[12] Lemunyon J L，Gilbert R G. The concept and need for a phosphorus assessment tool[J]. Journal of Production Agriculture，1993，6（4）：483-486.

[13] Mushtak T J. Application of GIS to estimate soil erosion using RUSLE[J]. Geo-spatial Information Science（Quarterly），2003，6（1）：34-37.

[14] Omernik J M. The influence of land use on stream nutrient levels[M]. US Environmental Protection Agency，Office of Research and Development，Corvallis Environmental Research Laboratory，Eutrophication Survey Branch，1976.

[15] Petersen G W，Hamlett J M，Baumer G M. Evaluation of agricultural non-point pollution potential in Pennsylvania using a geographic information system[M]. Prepared for the Pennsylvania Department of Environmental Resources，Bureau of Soil and Water Conservation. Environmental Resources Research Institute. University PARK，PA，1991.

[16] Pionke H B，Gburek W J，Sharpley A N，et al. Hydrological and chemical controls on phosphorus loss from catchments[C]//Phosphorus Loss from Soil to Water. Proceedings of a Workshop，Wexford，Irish Republic，29-31 September 1995. CAB INTERNATIONAL，1997：225-242.

[17] Shen Z Y，Hong Q，Chu Z，et al. A framework for priority non-point source area identification and load estimation integrated with APPI and PLOAD model in Fujiang Watershed，China[J]. Agricultural Water Management，2011，98（6）：977-989.

[18] Sivertun Å，Prange L. Non-point source critical area analysis in the Gisselö watershed using GIS[J]. Environmental Modelling & Software，2003，18（10）：887-898.

[19] Wischmeier W H，Smith D D. Predicting rainfall erosion losses：a guide to conservation planning[M]. Predicting Rainfall Erosion Losses：a Guide to Conservation Planning，1978.

[20] Yang F，Xu Z，Zhu Y，et al. Evaluation of agricultural nonpoint source pollution potential risk over China with a transformed-agricultural nonpoint pollution potential index method[J]. Environmental Technology，2013，34（21）：2951-2963.

基于排放量的优先控制区识别方法

现行的重点污染源调查中，决策者更关注污染源的排放量。但由于非点源污染的复杂性，传统的优先控制区识别更多是基于各空间单元的污染负荷产生量(第2章)，对流域系统的污染排放考虑较少，因而难以量化非点源污染对流域水环境的影响。与点源污染相对稳定的排放量相比，非点源污染的排放单元往往为具有水力联系的汇水单元，因此对其排放量的评估不仅应考虑污染源强因子，更需要加入迁移因子，从而实现对非点源污染排放量的综合判断(White et al.，2009)。就排放标准而言，点源污染通常有着固定的排污标准，但非点源污染排放标准的确定却更为复杂。例如，当汇水单元位于不同水功能区，即使其污染负荷排放总量是相同的，对受纳水环境的影响也会有所不同(Su et al.，2011)。综上考虑，本章拟提出一套非点源污染排放量及排放浓度的核算方法，同时辅以基于水功能区要求的排放浓度限值，最终构建一套基于非点源污染排放量的优先控制区识别方法。

3.1 基本原理

传统的污染排放统计常采用现场监测、产排污系数计算及物料衡算等方法，获取的排污资料包括了污染物种类、排放量与排污浓度等。通常而言，污染源的排放量主要影响水体的污染范围，排放浓度则主要影响水体的污染程度；由于污染物的物理、化学性质不同，其水环境效应及对水环境生态的毒理效应也存在着明显的差别(Angelidis and Kamizoulis，2005)。本章提出的基于污染排放量的优先控制区识别方法，其关键技术为排放单元选择、排放浓度计算和排放标准的确定。

①排放单元选择。流域是以分水岭为界的一个河流、湖泊等水系所覆盖的自然区域，径流汇水于流域内最低点而流出(Dodds and Oakes，2008)。流域同时也是一个规模庞大、错综复杂的系统，非点源污染与流域特性有密切关系，其发生既服从水文学的降雨、产汇流规律，又有污染物本身的物理运动、化学反应和生化效应的演变，是水文、地质、气象和水土保持等多种因素综合作用的结果(Munafo et al.，2005)。与固定的点源污染排放口不同，汇水单元是径流形成和污染物输移的基本单元；考虑到非点源污染排放的分散性，非点源污染的基本排放单元应该至少涵盖一个汇水区。因而，本章提出以汇水区/区域整体为基本评估单元，以汇水区出口的污染物浓度和排放量为基准，进而识别流域尺度的非点源污染优先控制区。

②排放浓度计算。一般而言，污染物的排放浓度是优先控制区识别的关键评价指标，而污染负荷排放量仅作为参考依据。污染排放浓度不同，即使其污染排放量相同，但对水环境的影响也存在一定差异。传统的点源污染排放量计算如下所示。

点源污染排放量调查方法

◆ **工业源**：对占各市、州污染物排放量 65%的污染源、集中式污染治理设施，采用现场监测、产排污系数计算及物料衡算等方式，并按照规定程序核定污染源的排放量；对其他工业源，主要采用产排污系数计算及物料衡算测算污染物排放量，对污染物排放量小、排放形式简单的，用产排污系数法直接计算排污量。

◆ **农业源**：采取产排污系数计算方法，结合全国农业普查结果和有关农业统计资料，测算农业源污染情况。

◆ **生活污染源**：根据居民生活污染基本情况调查结果，如常住人口、生活用水量、能源结构和消耗量等材料，结合产排污系数计算的方法测算污染物排放量。

与点源相对固定的排放口不同，非点源污染的传输途径通常难以确定，且污染物来源较为复杂。根据污染物的质量守恒原理，各汇水单元出口处的污染物来源可分为上游紧邻汇水单元的输入、本汇水单元的产生量和该汇水单元河道中污染物的变化量（沉积则减少，冲刷则增加）三部分。其公式表达如下：

$$\text{Sub}_{n,\text{out}} = \sum \text{Sub}_{\text{上游},\text{out}} + \text{Sub}_n + \text{Sub}_{n,\text{rch}} \tag{3-1}$$

式中：$\text{Sub}_{n,\text{out}}$——汇水单元出口断面的污染负荷；

$\text{Sub}_{\text{上游},\text{out}}$——上游汇水单元的污染负荷输入量；

Sub_n——本汇水单元的污染负荷产生量；

$\text{Sub}_{n,\text{rch}}$——污染物在本汇水单元内部河道中的变化量。

一般而言，非点源污染的传输途径难以确定，因而假定各汇水单元入口处的污染负荷量包括了上游汇水单元的输入量和本汇水单元的产生量两部分来源。这部分污染物历经本汇水区内的河道变化，最终得到各汇水区单元的污染负荷排放量（Miller et al., 2013）。在流域管理中，考虑到措施难以在河道中设置，一般不会将河道作为单独的污染物来源，而是将河道视为汇水单元的一部分综合考虑（方志发等，2009）。通常而言，河道对非点源污染负荷有贡献或者削减作用。当上游输入的污染物减少，小于河流可承载的最大污染物浓度时，河道沉积于底泥中的污染物会再悬浮，河道对污染物增加有贡献作用。反之，当上游输入的污染物增多，超过河流可承载的最大污染物浓度时，河道中的部分污染物会沉积于底泥当中，河道对污染物总量有削减作用。贡献或者削减取决于河流对污染物的承载力及上游输入的污染物负荷量大小，两者差值越大，河道贡献或者削减的污染负荷量数值也越大。在此，将河道过程简化为河道系数，以表征河流在输移非点源污染负荷过程中的负荷量变化，其数值大小主要与河道本身性质有关。当水文和河道其他条件不变时，河道系数也不会发生大的变化，因此可用河道系数来计算上游达标情况时下游汇水单元的排放负荷（浓度）变化量。在本章中，河道系数主要用来概化河道对污染物的削减或者贡献作用。用公式可表示为：

$$\text{Sub}_{n,\text{out}} = \alpha_n (\sum \text{Sub}_{\text{上游,out}} + \text{Sub}_n) = \alpha_n \text{Sub}_{n,\text{in}} \tag{3-2}$$

$$\alpha_n = \frac{\text{Sub}_{n,\text{out}}}{\text{Sub}_{n,\text{in}}} \tag{3-3}$$

式中：α_n——河道系数，当 $\alpha_n < 1$，则表明河道滞留污染物，且数值越小，滞留量越高；反之，当 $\alpha_n > 1$，则表明河道贡献污染物，且数值越大，贡献越多。

各汇水单元的流量是已知或可测的，通过将一定时间内的流量与污染物排放浓度限值相乘，即可计算出在水质不超标的情况下，各汇水单元的最大允许污染排放量，计算公式记为：

$$\text{RCH}_{n,\text{in,标}} = \sum_{\text{上游}} C_0 \cdot Q \cdot t \tag{3-4}$$

式中：$\text{RCH}_{n,\text{in,标}}$——汇水单元允许的最大污染排入量；

C_0——排放浓度限值；

Q——上游汇水单元的出口流量；

t——评估时间。

若 $\text{RCH}_{n,\text{in,标}} > \text{RCH}_{n,\text{in,上游}}$，则表明上游汇水单元的污染排放达标，上游汇水单元的污染物输入对下游汇水单元影响可忽略；此时，若本汇水单元的污染排放浓度超标，则主要由本汇水单元的污染物排放造成。

若 $\text{RCH}_{n,\text{in,标}} < \text{RCH}_{n,\text{in,上游}}$，则表明上游汇水单元的污染排放超标，上游汇水单元的污染物输入对本汇水单元有影响；若本汇水单元污染排放浓度超标，则可判断至少超标量的一部分是由上游汇水单元的污染输入造成的。此时，在探讨本汇

水单元流域的排放情况时，需要去除上游对本单元出口污染负荷量的影响。为了更客观地体现各汇水单元自身的排放情况，假定上游汇水单元输入已达到浓度标准，此时将汇水单元自身产生量与上游达标排放的污染输入量相加，并考虑河道对污染物输移的影响，即可量化若上游汇水单元达标排放时本汇水单元出口的污染物浓度值，以此表征汇水单元本身的污染排放浓度。用公式可表示为：

$$\mathrm{RCH}_{n,\mathrm{out}} = (\mathrm{Sub}_n + \mathrm{RCH}_{n,\mathrm{in},标}) \cdot \alpha_n \tag{3-5}$$

$$C_n = \frac{\mathrm{RCH}_{n,\mathrm{out}}}{Q \cdot t} \tag{3-6}$$

式中：C_n——汇水单元的污染排放浓度，该值并不真实存在，而是表征上游污染达标排放情况下，本单元污染排放情况的具体表征；若 $C_n \leqslant C_{n,标}$，则表明汇水单元本身排放是达标的，则排放超标更多是由上游单元造成的；若 $C_n > C_{n,标}$，则表明汇水单元本身排放不达标，在此基础上可根据超标情况来判断非点源污染的严重程度。

③排放标准的确定。点源污染通常有着固定的排污标准，其排放浓度是否超标可以在排污口实地监测的基础上进行判断。但由于非点源污染排放单元的特殊性，其排放标准也随着汇水单元的位置相应地发生改变。通常而言，不同汇水区所处的水功能区不一样，对污染排放浓度的要求也不一样，因而本章将水功能区划的浓度限值作为污染物排放标准，以此为依据来识别非点源污染优先控制区。

点源污染源排放监测

重点污染源监测按《地表水和污水监测技术规范》（HJ/T 91—2002）和《水污染物排放总量监测技术规范》（HJ/T 92—2002）的规定科学、合理布设监测点，监测分析方法采用国家和环境保护行业监测标准分析方法。

可依据《地表水环境质量标准》（GB 3838—2002）中规定，按照地表水水域环境功能和保护目标，按功能高低将各汇水单元依次划分为五类：

Ⅰ类——主要适用于源头水、国家自然保护区；

Ⅱ类——主要适用于集中式生活饮用水、地表水源地一级保护区、珍稀水生生物栖息地、鱼虾类产卵场、仔稚幼鱼的索饵场等；

Ⅲ类——主要适用于集中式生活饮用水、地表水源地二级保护区，鱼虾类越冬、洄游通道，水产养殖区等渔业水域及游泳区；

Ⅳ类——主要适用于一般工业用水区及人体非直接接触的娱乐用水区；

Ⅴ类——主要适用于农业用水区及一般景观要求水域。

对应地表水上述五类水域功能，将各空间单元的排放标准值也分为五类，不同功能类别执行相应的排放标准。总体而言，水域功能类别高的排放标准要严于水域功能类别低的排放标准，同一水域兼有多类使用功能的，执行最高功能类别对应的排放标准。具体排放限值的选择应根据汇水单元的水域功能类别，选取对应的标准，不同水功能区对应的污染排放标准如表 3-1 所示。

表 3-1　地表水环境质量标准基本项目标准限值　　　　单位：mg/L

序号	项目	标准	Ⅰ类	Ⅱ类	Ⅲ类	Ⅳ类	Ⅴ类
1	水温/℃		人为造成的环境水温变化应限制在： 周平均最大温升≤1；周平均最大温降≤2				
2	pH 值		6～9	6～9	6～9	6～9	6～9
3	溶解氧	≥	饱和率 7.5	6	5	3	2
4	高锰酸盐指数	≤	2	4	6	10	15
5	化学需氧量（COD）	≤	15	15	20	30	40
6	五日生化需氧量（BOD_5）	≤	3	3	4	6	10
7	氨氮（NH_3-N）	≤	0.15	0.5	1.0	1.5	2.0
8	总磷（以 P 计）	≤	0.02	0.1	0.2	0.3	0.4
9	总氮	≤	0.2	0.5	1.0	1.5	2.0
10	铜	≤	0.01	1.0	1.0	1.0	1.0
11	锌	≤	0.05	1.0	1.0	2.0	2.0
12	氟化物（以 F^-计）	≤	1.0	1.0	1.0	1.5	1.5
13	硒	≤	0.01	0.01	0.01	0.02	0.02
14	砷	≤	0.05	0.05	0.05	0.1	0.1
15	汞	≤	0.000 05	0.000 05	0.000 1	0.001	0.001
16	镉	≤	0.001	0.005	0.005	0.005	0.01
17	铬（六价）	≤	0.01	0.05	0.05	0.05	0.1
18	铅	≤	0.01	0.01	0.05	0.05	0.1
19	氰化物	≤	0.005	0.05	0.2	0.2	0.2
20	挥发酚	≤	0.002	0.002	0.005	0.01	0.1
21	石油类	≤	0.05	0.05	0.05	0.5	1.0
22	阴离子表面活性剂	≤	0.2	0.2	0.2	0.3	0.3
23	硫化物	≤	0.05	0.1	0.05	0.5	1.0
24	粪大肠菌群/（个/L）	≤	200	2 000	10 000	20 000	40 000

注：湖、库水质指标另计。

由于地表水环境质量评价标准中没有与泥沙相关的指标，而泥沙又是非点源污染中至关重要的污染物载体，故本章选取允许土壤排放量作为泥沙的排放标准，允许土壤排放量是指小于或等于成土速度的年土壤流失量，也就是说允许土壤排放量是不至于导致土地生产力降低而允许的年最大土壤排放量。土壤侵蚀强度指的是在特定外力作用和所处环境条件不变的情况下，某种土壤侵蚀形式发生的可能性，可定量地表示和衡量某区域土壤侵蚀量和侵蚀强度（Cisneros et al., 2011）。土壤侵蚀强度常用土壤侵蚀模数和侵蚀深表示，通常由调查研究和定位长期观测得到，是水土保持规划和水土保持措施布置、设计的重要依据。根据土壤侵蚀的实际情况，可将土壤侵蚀强度按轻微、中度、严重等分为不同级别。由于各国土壤侵蚀严重程度不同，土壤侵蚀分级强度也不尽一致，一般是按照允许土壤流失量与最大流失量值之间进行内插分级（黄琴，2013）。我国水力侵蚀强度分级标准如表 3-2 所示。

表 3-2   我国水力侵蚀强度分级标准

级别	平均土壤侵蚀模数/[t/（km²·a）]	平均流失厚度/（mm/a）
微度	＜500	＜0.37
轻度	500～2 500	0.37～1.9
中度	2 500～5 000	1.0～3.7
强烈	5 000～8 000	3.7～5.9
极强烈	8 000～15 000	5.9～11.1
剧烈	＞15 000	＞11.1

④优先控制区识别。依据水功能区要求的排放标准，计算各汇水单元的污染排放指数，以此作为优先控制区的基本判别因子。具体包括了如下环节：

首先，分别计算各汇水单元的污染排放量和排放浓度，与对应的排放标准或允许土壤流失量进行对比。若超过标准值，均视为超标，进入下一步的优先控制区识别。在这里主要体现的是各水功能区的差异性。

其次，对于污染排放浓度超标的汇水单元，量化上游达标输入时下游汇水单元的污染超标情况。若不超标，则判断超标部分是由上游汇水单元贡献的，该汇水单元排放是达标的；仍超标，则进入下一步环节。

最后，为了方便管理，对仍排放超标的汇水单元，计算其污染排放指数；根据指数大小，对各汇水单元的排污强度进行分级，从而从流域整体的高度识别出优先控制区。污染指数的计算公式如下所示：

$$I_i = \log_2\left(\frac{C_{i,n}}{C_{i,0}}\right) \tag{3-7}$$

式中：$C_{i,0}$——污染物浓度限值；

$C_{i,n}$——上游达标输入情景的排放浓度。

I_i 为大于 0 的数值，共分为 6 个级别，与泥沙侵蚀强度级别划分一致：

◆ $0 \leqslant I < 1$，污染级别为 1 级，表示无污染到微度污染；

◆ $1 \leqslant I < 2$，污染级别为 2 级，表示轻度污染；

◆ $2 \leqslant I < 3$，污染级别为 3 级，表示中度污染；

◆ $3 \leqslant I < 4$，污染级别为 4 级，表示较强度污染；

◆ $4 \leqslant I < 5$，污染级别为 5 级，表示强度污染；

◆ $I > 5$，污染级别为 6 级，表示极强度污染。

对于泥沙而言，根据水力侵蚀强度，以允许土壤流失（排放）量为标准，可计算泥沙侵蚀指数，对土壤流失（排放）剧烈程度进行分级，公式为：

$$S_i = \log_2\left(\frac{A_{i,n}}{A_{i,0}}\right) \tag{3-8}$$

式中：$A_{i,0}$——允许土壤流失（排放）量；

$A_{i,n}$——实际土壤侵蚀量。

S_i 为大于 0 的数值，共分为 6 个级别，与水力侵蚀强度的 6 个级别一一对应：

◆ $0 \leqslant S < 1$，侵蚀级别为 1 级，表示微度侵蚀；

◆ $1 \leqslant S < 2$，侵蚀级别为 2 级，表示轻度侵蚀；

◆ $2 \leqslant S < 3$，侵蚀级别为 3 级，表示中度侵蚀；

◆ $3 \leqslant S < 4$，侵蚀级别为 4 级，表示强烈侵蚀；

◆ $4 \leqslant S < 5$，侵蚀级别为 5 级，表示极强烈侵蚀；

◆ $S > 5$，侵蚀级别为 6 级，表示剧烈侵蚀。

3.2 方法流程

本方法的具体步骤如下所示：

（1）步骤一：基础数据库构建

在资料收集、实地调查的基础上，以 GIS 技术为支持，建立研究区的空间数据库和属性数据库。空间数据库包括数字高程图、土地利用类型图、土壤类型图、气象站位置图等；属性数据库包括研究区内的降雨量、最高最低温度、风速、太阳辐射和相对湿度等气象数据，土壤理化性质、植被覆盖情况、化肥使用量等参数，以及径流量、污染物等水文水质数据。

（2）步骤二：排放量估算

采用模型模拟或实地监测等方法，量化各评估单元的污染物排放量。对于大中尺度流域，建议采用流域模型模拟的方法确定污染物排放量。依据物质守恒和能量守恒原理，通过流体力学中的连续方程、运动方程、能量方程推导得出各汇水单元出口的污染物排放量。在模型应用过程中，首先运用摩尔斯平均系数法对模型参数进行敏感性分析，利用流域水文站的流量、泥沙和污染物监测数据，对模型参数进行率定和验证，并将验证后的参数导入流域模型进行再模拟，获取各汇水单元的污染物排放负荷、种类或浓度等排放特征。

对于小尺度流域，可在河流断面监测的基础上，进一步结合污染物的溯源技术定量地识别出各空间单元的污染物排放特征（Wengrove and Ballestero，2012）。

溯源技术简介

源解析技术大体可分为 3 种：排放清单（Emission Inventory），以污染源为对象的扩散模型（Diffusion Model），以受污染区域为对象的受体模型（Receptor Model）。其中，扩散模型依托模拟或反演污染物的迁移扩散的方式及过程实现污染物的来源解析，由于模型运行时需输入模拟时段内的污染源排放强度及气象和地形等条件，因而应用扩散模型时，数据不易获取且操作过程复杂。对水环境污染源解析来说，可通过测量源与河流水环境断面污染物的物理、化学性质，定性识别对水体污染有贡献的污染源并定量计算各污染源的贡献率。目前在水环境污染源解析的研究中，受体模型主要包括定性和定量两类。定性方法直接利用污染物的化学性质或某些化学参数来辨析污染源，如比值法等；定量方法是基于数学分析方法所进行的污染源解析方法，能够通过数学推理确定各污染源的贡献率（Chang，2008；Singh et al.，2012）。现今该方法包括的种类较多，如化学质量平衡法（Chemical Mass Balance，CMB）、多元统计法、混合方法等，其中化学质量平衡法和多元统计法发展更为成熟。

（3）步骤三：不达标状况识别

在模型模拟的基础上，依据排放标准，识别排放浓度不达标的汇水单元。在不达标状况识别过程中，可采取如下方法进行判断：

◆ 泥沙：对比汇水单元的泥沙排放量与允许土壤流失量，若前者大于后者，则所在的汇水单元被识别为优先控制区。

◆ 水质：对比各汇水单元的排放浓度和水功能区的标准值，若达标，则不被识别为优先控制区；若不达标，则先分析其上游汇水单元的输入，若上游污染输入达标，则该汇水单元被识别为优先控制区；若上游输入不达标，则通过计算输入达标时该汇水单元的排放浓度，若该汇水单元的排放浓度不达标，则该汇水单元被识别为优先控制区。

（4）步骤四：流域尺度优先控制区识别

依据水功能区划对应的排放标准，首先识别排污超标的汇水单元；然后针对这些超标的汇水单元，计算在上游汇水单元达标排放时，下游汇水单元的排放是否超标。对仍超标流域，计算其污染指数，对水体中各污染物进行单因子污染程度分级，将污染指数作为优先控制区评价分级的依据。对于泥沙而言，则根据泥沙侵蚀指数对各汇水单元进行分级。

（5）步骤五：基于模型嵌套模拟的小尺度排放单元识别（可选）

流域汇水单元划分方案不同，将会产生个数不同的基本评估单元。理论上，汇水单元划分阈值越小，生成的排放单元越多，其排放单元的面积也会尽可能小，这就解决了从流域到亚流域再到次级亚流域的优先控制区降尺度划分的问题。但实际上这样是行不通的：一方面，随着汇水单元划分个数的增加，模型模拟所需要的时间将呈指数级增加；模型本身对于汇水单元划分阈值也有一定限制，超过一定阈值后，模型模拟精度将大大降低。另一方面，汇水单元的进一步划分也需要更加精细的空间数据作为支撑，这也是汇水单元不能无限细分的原因。在此，建议首先将流域划分为个数恰当的汇水单元，识别出排放超标严重的区域开展模型嵌套再模拟，这样做一方面可以节省模拟时间，提高模拟效率；另一方面也有助于识别更为精准的关键排污区域。

具体流程如图 3-1 所示。

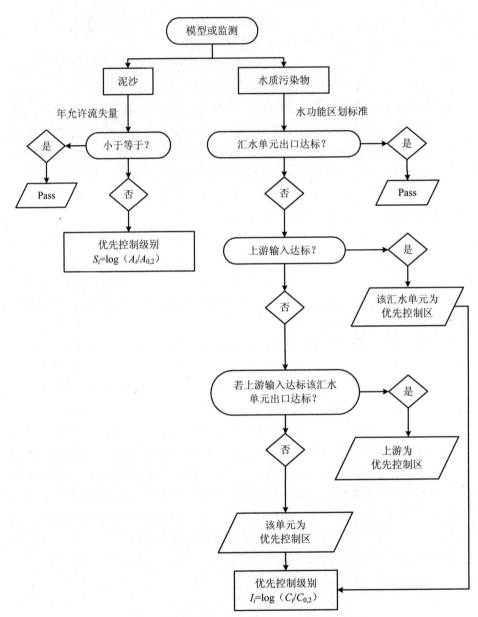

图 3-1 基于污染排放量的优先控制区识别流程

3.3 判定标准

当流域内存在多个水功能区时，首先统筹各种空间信息计算各汇水单元的污染排放浓度，根据排放标准判断其是否超标；对于排放超标的汇水单元进一步判断其上游达标输入时的超标情况，若仍超标则进入下一步优先控制区识别过程。依据水质排放标准和泥沙流失量限值，计算各汇水单元的污染排放指数，最终从流域的宏观尺度实现非点源污染优先控制区的有效划分。

3.4 方法特点

本方法的特点如下所示：

◆ 本方法突破了传统优先控制区识别仅考虑污染负荷产生量的局限，综合考虑了不同汇水单元所处水功能区的水环境要求，同时量化了上游污染物输入对下游水环境的影响，从而将优先控制区识别从流域系统拓展到水环境系统，更有利于流域发展规划的制定；

◆ 本方法充分考虑了源排放因子，更加入了水环境受体的特征来判断各空间单元的污染排放超标情况，因而本方法更适合于复杂流域，尤其是存在着多个主导功能和水质管理目标的特定水域；

◆ 本方法构建的非点源污染优先控制区识别体系，其中水质污染因子评价标准对应于水功能区划的水质要求，但对于水体中的泥沙含量目前并无判断标准，故本方法引入了泥沙侵蚀因子和允许泥沙流失量作为评判标准，这拓展了传统优先控制区的范畴；

◆ 本方法对于尚无统一标准的水质指标并不适用；另外，本方法假定非点源污染的排放口为各汇水单元出口，考察的因素主要有汇水单元的污染物产生量和迁移过程；而泥沙侵蚀因子的评估范围则是整个汇水单元，考察的因素是土壤流失量，且评估指标为年允许土壤侵蚀量；这两者在评估范围上有不一致性，需要进一步探讨研究。

3.5   案例研究

本研究选取三峡库区的大宁河流域作为案例研究区，采用 SWAT 模型模拟的方法确定各评估单元的污染物排放量。为了方便与第 2 章对比，选择亚流域作为本研究区的基本汇水单元。关于研究区和方法的介绍可参考黄琴（2013）。

3.5.1   研究区概述

本研究选取三峡库区一级大宁河流域上游巫溪段（108°44′～110°11′E，31°04′～31°44′N）作为研究区，该区域总面积为 2 422 km²，具体位置如图 3-2 所示。考虑到基础数据的可获得性，首先将研究区划分为 22 个亚流域。

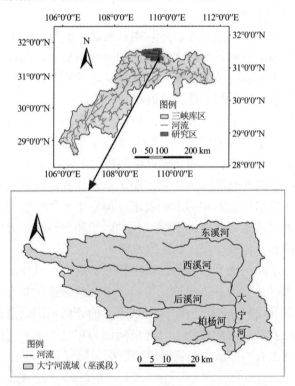

图 3-2   三峡库区大宁河流域（巫溪段）位置示意图

（1）地质地貌

大宁河流域地处大巴山构造褶皱带、大巴山弧、传动褶皱带、川鄂湘黔隆起褶皱带的结合部位。流域境内全系沉积岩构成，地表出露地层从第四系到寒武系均有分布，大部分为各系石灰岩，其次为三叠系巴东组紫色砂泥岩，奥陶、志留、泥盆系砂页岩，上三叠系须家河组厚砂岩夹薄页岩及煤系，第四系更新统和全新统冲积、洪积、坡积、残积物及洞穴堆积物，其他地层出露甚少。

流域内东、西、北高，中、南部低，巫山山脉绵延于东南，大巴山脉屏于西北，七濯山脉东端自西穿插其中，形成东北高而西南低的地势。立体地貌具有鲜明特色：一方面流域内表现为强烈切割，崇山峻岭连绵不断，悬崖峡谷随处可见；另一方面地形有明显的成层性，成片的平坝展现在不同的夷平面上。全流域地貌以山地为主，丘陵平坝分布较少。

（2）气候水文

大宁河流域地处北亚热带季风湿润性气候区，冬半年主要受北方干冷空气影响，夏半年主要为南方暖湿空气控制，气候温和，雨量充沛，日照充足，雨热同季，四季分明。多年均温 18.4℃，最高 19℃，最低 17.8℃，极端最高气温 41.8℃，极端最低气温 -6.9℃。多年平均降水量 1 049.3 mm，产水量 36.12 亿 m^3，最多年降水量达 1 356.0 mm，最少年降水量 761.5 mm，降水总量丰度较高，但时空分布不均。降雨量最多为 5 月、7 月，均值分别为 160.7 mm 和 153.1 mm，一日最大降雨量为 141.4 mm。降雨量最少是 1 月，均值 7.7 mm。因年内雨量分布不均，伏旱频率高达 73%，最大强度 87 d。暴雨年均 3.06 次，冰雹年均 0.9 次。

（3）植被与土壤

大宁河流域属亚热带气候，水平地带植被类型是常绿阔叶林。在原四川植被分区中，属川东盆地及川西南山地常绿阔叶林亚带。境内植被种类繁多，组成成分复杂，木本植物 156 科、256 属、417 种以上。植被类型具有明显的垂直带结构。人工植被为农作物，主要是玉米、红苕、马铃薯、小麦、水稻、油菜、芝麻、棉花、烟草、魔芋、花生、辣椒等。

大宁河流域内多以各系石灰岩成土。由于地层出露多、岩性复杂，因而成土母质亦很复杂，以寒武系至侏罗系、三叠系巴东组暗紫灰绿色砂泥岩风化物等 10 种成土母质为主。土壤分水稻土、潮土、紫色土、黄壤、石灰岩土、黄棕壤和山地棕壤 7 个土类，11 个亚类，其中农耕地有 8 个亚类，包括 18 个土属，53 个土种。

（4）社会经济

大宁河流域 2002 年总人口为 63.51 万人，主要是汉族，其中农业人口占 90%

以上。人口密度 145.98 人/km²，但分布不均，低海拔河谷、河流两岸和公路沿线人多密度大，高海拔和交通闭塞的山区地广人稀，中下游的人口密度大于上游，流域西部人口密度明显大于东部。总体而言，大宁河流域人地矛盾十分突出。全流域农业人均耕地面积仅 1.26 亩，而且还在逐年减少，加上大多数的耕地为旱地，且坡度陡，土质差，土壤肥力低，粮食产量低，造成了大宁河流域紧张的人地关系。随着三峡库区大量耕地的淹没和大量退耕还林还草工程的推进，这种紧张的人地关系还会进一步升级。

2002 年大宁河流域国内生产总值（GDP）为 190 385 万元，其中第一产业 69 787 万元，第二产业 45 898 万元，第三产业 73 570 万元。流域属农业区，并且以粮食生产为主，其产值占第一产业的 50%；工业基础依然薄弱，产值不高，仅为第一产业的 65.7%，第二产业中工业和建筑业的产值为 1∶1.33，其中上游地区为 1∶0.4，中下游地区为 1∶2.45；第三产业已发展成流域龙头产业，其综合产值已超过第一产业，主要来自大宁河旅游业优势的充分发挥。区域经济发展不平衡，上游面积占整个流域的 70.8%，但 GDP 只占流域 GDP 的 44.1%，而中下游面积仅占流域的 29.2%，GDP 却占流域的 55.9%。

（5）生态环境质量状况

大宁河流域生态环境建设虽然取得了一定的成绩，但由于交通不便，自然条件差，对资源进行掠夺性开发和人为破坏的现象依然存在，大宁河流域脆弱的生态环境面临的形势依然十分严峻，主要表现在：

①水土流失严重。全流域水土流失面积为 3 490.74km²，约占总面积的 80.23%。年均侵蚀模数 4 061.33 t/km²。年土壤侵蚀量为 1 224.71 万 t，属强度侵蚀区，相当于全流域每年有 6 万亩耕地的表层泥土被冲走。水土流失的主要区域为坡耕地分布区，产生的主要原因是：耕作地植被稀少，坡度大，保土、保水能力极差。

②自然灾害频繁。由于生态环境脆弱，自我修复能力差，洪水、干旱、冰雹和山地灾害等自然灾害频繁出现，而且呈上升趋势，造成野生动物种类减少，水库数量和蓄水量大量减少。

③自然保护区和生物多样性保护滞后。大宁河流域野生动植物资源相当丰富，有国家级和重庆市级重点保护野生动植物 50 多种，多种珍贵物种濒临灭绝，生物物种减少的趋势仍然存在。

（6）水体概况

大宁河入长江的汇流口为巫峡口（图 3-2），位于三峡大坝上游约 125 km 处，是受三峡水库蓄水影响比较显著的重要支流。河流地处峡谷地带，河床深切，平均坡降为 15‰，素有库区"小三峡"美称。

　　在三峡水库 135 m 蓄水之前，大宁河整条河流全部处于天然状态。大宁河落差较大，水流速度较大。在 135 m 蓄水后，大宁河的水文情况有了较大的改变。大宁河上游河水的来水量和流速基本没有发生改变，中下游水体受到长江回水影响较大，流速大大变缓，河面增宽，流速处于准静止状态（<0.1 m/s），双龙至银窝滩处于回水腹心地段。根据大宁河地形资料预测，当三峡水库蓄水至 175 m 时，预计大宁河回水影响区将长达 55 km 河段。

　　大宁河流域的水文站设在巫溪县境内，该站控制流域面积 2 027 km²，境内主要有东溪河、西溪河与后溪河，见图 3-3。在本研究中，选择该控制流域作为研究区域。

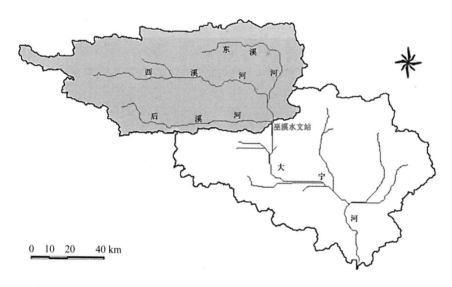

图 3-3　大宁河流域与研究区域（灰色）

　　根据重庆市环境保护局的《重庆市地面水域适用功能类别划分规定》，对大宁河（巫溪段）干支流水环境功能划分情况进行统计，见表 3-3。相应的 I 类、II 类、III 类水质标准见表 3-1（摘自《地表水环境质量标准》（GB 3838—2002））。由表 3-3 可知，大宁河下游巫山段的水质常为IV类，超出水环境功能区划的III类水要求。该河段处于三峡水库的回水区，其水质受三峡水库上游和大宁河（巫溪段）二者的共同影响。根据 2004—2008 年的枯、平、丰水期（2 月、5 月、8 月）的常规监测报告，可知大宁河巫溪水文站、大宁河与柏杨河交汇处的总磷指标均为II类。虽然常规监测中大宁河（巫溪段）的水质较好，但经查阅气象资料，可知监测当日或前期大多没有较强降雨，因此常规监测的数据无法代表大宁河的真实水质状况，特别是暴雨冲刷下非点源污染对河流水质的影响不能得以体现。

相关研究表明，磷是三峡库区部分支流富营养化的限制因子。磷是水体生态系统中一种重要的生源要素，是浮游植物和沉水植物生长所必须吸收的营养元素。但如果自然或施肥过程的磷过剩，则可能导致部分磷素通过地表径流等方式由陆地生态系统向水体生态系统迁移，从而引起水体富营养化等一系列的生态环境问题。因此，为保障大宁河流域（巫溪段）及三峡水库的水质健康，本节将结合大宁河的 SWAT 模型模拟结果，选取总磷作为控制因子进行优先控制区识别。三峡库区大宁河流域在我国水土流失分区中属于西南地区，该区域是我国水土流失较严重区域，应执行较为严格的土壤侵蚀标准。在本研究中，将该区域的允许土壤侵蚀量设置为 500 t/（km^2·a）。

表 3-3　大宁河流域（巫溪段）水环境功能类别划分

河段	功能类别	适用功能类别	备注
大宁河干流	饮用水水源保护区	II 类	
东溪河	源头水	II 类	
西溪河	源头水	II 类	
后溪河	自然保护区、饮用水水源保护区	I 类	宁厂古镇（历史文化名镇）
柏杨河	源头水	III类	

表 3-4　大宁河流域（巫溪段）的水质标准　　　　　　单位：mg/L

水质指标	TP		
	I 类	II 类	III 类
水质标准上限	0.02	0.1	0.2

3.5.2　数据库构建

（1）空间数据库

研究区空间数据可分为：数字高程数据、土壤类型数据和土地利用数据。

①数字高程模型（Digital Elevation Model，DEM）。

DEM 图主要用来提取流域内部的高程、山脊线、坡度坡向、汇流方向、河网密度、地形指数等信息。采用的 DEM 图取自国家测绘地理信息局基础地理信息中心，精度为 1∶25 万，网格大小为 3″×3″。利用 ArcGIS 软件对研究区内的高程网格进行坐标投影转换、划定研究区边界等步骤，最终生成所需的 DEM 数据。

如图 3-4 所示，研究区高程介于 0～2 588 m，平均值为 1 280 m，标准差为 502 m；流域高程自西北至东南呈下降趋势；该流域坡度介于 0～67°，平均坡度为 24°。

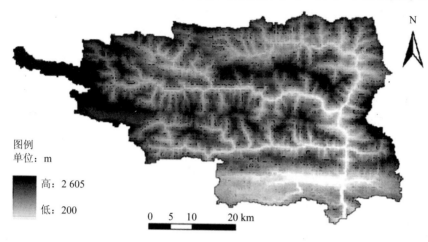

图例
单位：m

高：2 605
低：200

0 5 10   20 km

图 3-4 大宁河数字高程模型

②土地利用数据（Land use and land cover）。

土地利用数据主要用来描述植被覆盖及其他社会经济活动等信息。研究区所需的土地利用类型图取自中国科学院地理所，将巫山县和巫溪县的土地利用图利用 ArcGIS 进行合并，并根据研究区边界进行切割后得到，精度为 1∶10 万。按照国家土地资源分类方法将研究区土地利用类型再分类为林地、农田、草地、水域和城镇等（见附录 B 图 B-13）。

统计重新分类后的单元代码，得到不同土地利用类型的面积百分比。由表 3-5 可知，研究区主要由林地、农田和草地组成，各自面积分别占据整个研究区的 61.85%、24.90% 和 12.48%。

表 3-5 研究区土地利用情况统计

土地利用类型	面积/km^2	面积百分比/%
林地	1 499.18	61.85
农田	603.56	24.90
草地	302.48	12.48
水域	8.96	0.37
水田	7.51	0.31
城镇	1.70	0.07
果林	0.24	0.01

③土壤类型数据（Soil type）。

土壤类型主要用于提供非点源污染模拟所需的土壤水文、物理、化学属性。所需的土壤类型图由中国科学院南京土壤所提供，精度为 1∶100 万（见附录 B 图 B-14）。根据土壤分类系统，将研究区土壤类型再分类为黄棕壤、黄褐土、紫色土、黄棕壤性土、黄壤、棕壤、石灰（岩）土、暗黄棕壤、山地灌丛草甸土、酸性粗骨土和黄色石灰土等。

统计相关栅格数据可知，研究区土壤以黄棕壤、黄褐土、紫色土以及黄棕壤性土四种类型为主，其分别占研究区面积的 26.49%、16.91%、14.48%和12.30%，具体统计情况见表 3-6。

表 3-6 研究区土壤类型统计表

土壤类型	代码	面积/km²	面积百分比/%
黄棕壤	HUZR	641.89	26.49
黄褐土	HUHT	409.60	16.91
紫色土	ZST	350.73	14.48
黄棕壤性土	HUZRXT	298.07	12.30
黄壤	HUR	265.55	10.96
棕壤	ZR	203.02	8.34
石灰（岩）土	SHYT	111.30	4.60
暗黄棕壤	AHUZR	97.14	4.01
山地灌丛草甸土	SDCGCDT	27.38	1.13
酸性粗骨土	SXCGT	10.58	0.44
黄色石灰土	HUSSHT	8.35	0.34

（2）属性数据库

SWAT 模型所需的属性数据库主要包含气象数据数据库、土壤属性数据库、土地利用数据库、作物管理措施数据库。

①气象数据库。

选择的气象站点信息如表 3-7 所示，数据主要来源于中国国家气象局数据共享网、长江水利委员会、巫溪县气象局。由于国内地级市以下的行政区没有除降雨之外的其他气象数据，因此选择距离大宁河流域较近的重庆市，湖北省宜昌市、武汉市，陕西省安康市，湖南省吉首市和贵州省贵阳市等城市的太阳辐射等气象数据。SWAT 要求输入的气象数据时间步长为日，采用了 SWAT 模型内建的天气发生器，通过统计计算填补部分缺失数据并生成模型模拟所需的多年月均气候数据。

表 3-7 气象站、雨量站列表

编号	站点	纬度/(°)	经度/(°)	气象要素	时间
1	长安	31.65	109.40	降雨量	2000—2010
2	徐家坝	31.64	109.66	降雨量	2000—2010
3	高楼	31.61	109.08	降雨量	2000—2010
4	建楼	31.52	109.18	降雨量	2000—2010
5	双阳	31.47	109.84	降雨量	20002010
6	塘坊	31.41	109.38	降雨量	2000—2010
7	龙门	31.33	109.51	降雨量	2000—2010
8	巫溪 2	31.41	109.61	降雨量	2000—2010
9	西宁	31.57	109.52	降雨量	2000—2010
10	福田	31.22	109.72	降雨量	2000—2010
11	万古	31.47	109.35	降雨量	2000—2010
12	中良	31.58	109.03	降雨量	2000—2010
13	宁厂	31.47	109.62	降雨量	2000—2010
14	大昌	31.28	109.77	降雨量	2000—2010
15	岚皋	32.32	108.60	降雨量、温度、湿度、风速	1998—2010
16	镇平	31.90	109.53	降雨量、温度、湿度、风速	1998—2010
17	巴东	31.03	110.33	降雨量、温度、湿度、风速	1998—2010
18	利川	30.28	108.93	降雨量、温度、湿度、风速	1998—2010
19	建始	30.60	109.72	降雨量、温度、湿度、风速	1998—2010
20	恩施	30.28	109.47	降雨量、温度、湿度、风速	1998—2010
21	城口	31.95	108.67	降雨量、温度、湿度、风速	1998—2010
22	开县	31.18	108.42	降雨量、温度、湿度、风速	1998—2010
23	云阳	30.95	108.68	降雨量、温度、湿度、风速	1998—2010
24	巫溪	31.40	109.62	降雨量、温度、湿度、风速	1998—2010
25	奉节	31.02	109.53	降雨量、温度、湿度、风速	1998—2010
26	巫山	31.07	109.87	降雨量、温度、湿度、风速	1998—2010
27	重庆	29.58	106.47	降雨量、温度、湿度、风速	1998—2010
28	宜昌	30.70	111.30	降雨量、温度、湿度、风速、辐射	1970—2010
29	武汉	30.62	114.13	降雨量、温度、湿度、风速、辐射	1970—2010
30	安康	32.72	109.03	降雨量、温度、湿度、风速、辐射	1970—2010
31	吉首	28.32	109.73	降雨量、温度、湿度、风速、辐射	1970—2010
32	贵阳	26.58	106.73	降雨量、温度、湿度、风速、辐射	1970—2010

②土壤属性数据库。

为保证 SWAT 模型的模拟精度,进一步建立了模型所需的土壤属性数据,其中土壤的物理属性主要包括土层厚度、密度、土壤容重,有效田间持水量、饱和水力传导系数、颗粒性质（黏土、壤土、沙土、砾石）等主要参数根据国内外相关文献获得。其中按照美国国家自然资源保护局（NRCS）标准,将不同土壤类型划为不同土壤水文分组并赋予对应的最小下渗率。模型所需的土壤化学属性,包括土壤有机质、土壤全氮、土壤全磷、土壤可溶性磷、土壤氨氮和土壤硝态氮等参数,主要取自中科院南京土壤所的土壤数据库,同时参考《四川土种志》并利用土壤水计算程序 SPAW 对数据库相关数据进行补充完善。

③土地利用属性数据库。

研究区所需的土地利用和植被覆盖的数据以 DBF4 文件格式存储,相关属性参数根据 SWAT 模型用户手册提供的属性数据库确定。

④作物管理措施数据库。

研究区所需的作物管理数据,如作物的播种时间、收获日期、耕作时间、施肥时间和施肥量等资料,主要取自巫溪县农业局和林业局,在此基础上对大宁河的典型农田区进行了实地调查。

3.5.3　方法准备

（1）模型率定

根据参数敏感性分析结果,对敏感性程度高的参数进行参数率定及验证。模型率定所需的水文、泥沙和总磷的监测数据如表 3-8 所示,数据来源为长江水利委员会和巫溪县环保局。模型率定期为 2004—2008 年,验证期为 2000—2003 年。参数率定验证过程选择瑞士联邦水科学技术研究所、美国德克萨斯州农工大学以及 Neprash 公司等单位合作开发的 SWATCUP 程序。该程序将目前通用的模型率定方法,如 SUFI2、ParaSol、GLUE 和 MCMC 与 SWAT 模型进行链接,主要用来对 SWAT 模型进行参数率定和不确定性分析。该程序可以自 EAWAG 的官方网站免费下载使用。选用 SUFI2 方法,在参数的初始值范围内随机采样并链接 SWAT 模型进行模拟,根据较好的模拟结果对参数范围进一步调整,最终通过多次迭代得到最终的模型最佳参数组。关于 SUFI2 的具体介绍可参见 SWATCUP 的使用手册。附录 B 图 B-15 和表 3-9 为研究区径流、泥沙和总磷的率定、验证结果,可见 SWAT 模型在大宁河流域具有较好的适用性。最终通过率定获得的研究区最佳参数值见表 3-10。

表 3-8 大宁河流域 SWAT 模拟监测数据列表

变量	数据量
流量	2000—2008 年日流量
泥沙	2000—2008 年日浓度
总磷	2000—2008 年 2 月、5 月、8 月监测值

表 3-9 大宁河流域参数率定和验证效果统计

监测断面名称	指标	率定期		验证期	
		R^2	E_{ns}	R^2	E_{ns}
宁桥水文站	流量	0.95	0.92	0.96	0.94
宁厂水文站	流量	0.77	0.68	0.94	0.93
巫溪水文站	流量	0.79	0.66	0.95	0.89
	泥沙	0.83	0.73	0.83	0.67
	总磷	0.86	0.75	—	—
交汇处	总磷	—	—	0.79	0.46

表 3-10 大宁河流域参数率定结果

参数及变化方式	率定结果	参数及变化方式	率定结果
r__CN2.mgt	0.148	v__Sol_Orgp（1-2）.chm_AGRL	229.000
v__ALPHA_BF.gw	0.625	v__Sol_Orgp（1-2）.chm_FRST	324.051
v__GW_DELAY.gw	27.886	v__Sol_Orgp（1-2）.chm_PINE	152.500
v__CH_N2.rte	0.136	v__SOL_SOLP（1-2）.chm_AGRL	61.297
v__CH_K2.rte	68.744	v__ERORGP.hru	0.001
v__ALPHA_BNK.rte	0.286	v__ERORGP.hru	1.791
v__SOL_AWC.sol	0.059	v__ERORGP.hru	1.038
r__SOL_K.sol	61.011	v__SFTMP.bsn	4.556
a__SOL_BD.sol	0.596	v__Spcon.bsn	0.008
v__CANMX.hru	17.341	v__Spexp.bsn	1.222
v__ESCO.hru	0.613	v__RSDCO.bsn	0.041
v__GWQMN.gw	1 043.399	v__Phoskd.bsn	156.558
v__REVAPMN.gw	159.421	v__Pperco.bsn	11.939
v__Usle_P.mgt	0.290	v__PSP.bsn	0.493
v__Ch_Cov.rte	0.052	v__K_P.wwq	0.048
v__Ch_Erod.rte	0.456	v__AI2.wwq	0.017
r__SLSUBBSN.hru	−0.002	v__RS2.swq	0.033
v__Rchrg_Dp.gw	0.385	v__RS5.swq	0.021
v__ANION_EXCL.sol	0.371	v__ERORGN.hru_AGRL	−0.205

（2）河道系数确定

选择 2000—2008 年共 9 年 108 个月的模型模拟数据，量化研究区各汇水单元的河道系数，计算结果如表 3-11 所示。可以看出，大宁河流域各河段的总磷河道系数介于 0.93～0.99，表明大宁河流域内，各河段对磷污染物均具有削减作用，磷污染物在河道中发生沉积，但沉积作用不明显，且不同河段沉积作用大小不一。具体而言，1 号、2 号、3 号、10 号、14 号、21 号亚流域的河道系数较小，河段对磷污染的沉积作用大。这些亚流域位于东溪河、后溪河和柏杨河的上游，河道中流量较小，对总磷污染物输移作用小，因而污染物沉积多。而 19 号、20 号、22 号亚流域的河道系数较大，河段对磷污染物基本没有影响。这 3 个亚流域均位于大宁河流域的下游区域，由于汇集了上游 3 个支流的来水，其河道流量大，对总磷污染物输移作用也较大，因而磷污染物总体上沉积较少。这说明大宁河流域各支流上游磷沉积作用较大，下游磷沉积作用变小，而更下游的巫山段磷的沉积或者再悬浮作用还有待于后续研究进一步探讨。

表 3-11　大宁河流域各河段总磷河道系数

河段编号	总磷河道系数	河段编号	总磷河道系数
1	0.945 6	12	0.950 8
2	0.937 2	13	0.982 5
3	0.948 8	14	0.948 2
4	0.953 9	15	0.960 9
5	0.963 4	16	0.988 3
6	0.973 1	17	0.950 6
7	0.955 7	18	0.972 7
8	0.974 7	19	0.991
9	0.974 8	20	0.992 2
10	0.947	21	0.947
11	0.961 2	22	0.993 5

为了深入探究哪些因素会影响河道系数的大小，进一步选取了河道流量、河道宽度、河道深度、河道坡度和河道坡长 5 个因子，运用 SPSS 13.0 进行了多元线性回归，得出关系式如下：

$$\alpha = 0.169 + 0.649D + 0.169S - 0.325L + 0.143F \tag{3-9}$$

式中：α——总磷河道系数；

　　　D——河道深度；

　　　S——河道坡度；

　　　L——河道坡长；

　　　F——河道流量。

从式（3-9）可以看出，在大宁河流域（巫溪段）内河道深度、河道坡度、河道流量都和河道系数呈正相关关系；随河道深度的加深、河道坡度的变陡和河道流量的增大，河道系数也相应地增大，其中河道深度对总磷河道系数的影响最大。而河道坡长与总磷河道系数呈负相关关系，随着河道坡长的增大，总磷河道系数减小。这说明在大宁河流域（巫溪段）内，河道较深的河段，河谷切割发育已经较完全，正在向沉积作用转变。

（3）嵌套模拟

考虑到优先控制区的降尺度识别，本节拟对第 7 号亚流域进行精细再模拟，以探讨嵌套模拟对优先控制区分布的影响。选择第 7 号亚流域的原因有二：一是第 7 号亚流域非点源污染严重，既是泥沙优先控制区，又是总磷污染优先控制区，对整个流域的水质影响较大；二是第 7 号亚流域面积较大，占到了整个大宁河流域（巫溪段）面积的 1/4。首先运用 GIS 软件将第 7 号亚流域从大宁河流域中剪切下来，并进一步选用 SWAT 模型对其进行了再模拟。7 号亚流域的率定和验证结果如附录 B 图 B-16 所示，其中率定期径流量、月泥沙量和月总磷负荷模拟结果同实测值的相关系数 R^2 均大于 0.85，E_{ns} 系数均大于 0.71；验证期 R^2 均大于 0.56，E_{ns} 系数除总磷外，其余均大于 0.55。由此表明，SWAT 模型能够后续嵌套模拟的精度要求。

3.5.4　结果分析

（1）流域尺度优先控制区识别结果

应用本章构建的非点源污染优先控制区识别方法，选取 2001 年、2004 年和 2008 年三个典型年中的 1 月、7 月和 10 月三个典型月份，对大宁河流域（巫溪段）的泥沙和总磷污染优先控制区进行识别。

1）枯水年识别结果

2001 年为研究区枯水年代表年，其识别结果如附录 B 图 B-17 所示。可以看出，2001 年大宁河流域（巫溪段）泥沙侵蚀指数处于 3～7 之间，整体上较高，泥沙侵蚀严重。其中北部的 1 号、3～7 号、9 号、13 号和流域出口的 22 号亚流域泥沙侵蚀指数均大于 6，属于剧烈侵蚀。这些亚流域主要分布在北部的西溪河、东溪河及大宁河沿途除 17 号亚流域外的区域。西溪河和东溪河所处的区域山高坡陡，主要植被为山地灌丛草甸，山坡上岩石较多，土层较薄，水土流失严重。而大宁河沿途坡耕地开垦严重，土壤较易随水流流失。

2001 年 1 月大宁河流域（巫溪段）的总磷污染指数整体上较低，处于 1～3 之间，属于中度污染排放，污染排放超标的亚流域为中部的 10 号和 12 号亚流域。这两个亚流域位于后溪河，该河流水功能区划为一级水功能区，对于水质要求非常高。由于 1 月河流中水量较少，污染物排放浓度较高，导致水质呈现中度污染。7 月整个流域总磷污染指数也不高，处于 1～3 之间，排放超标的主要是北部的 1 号、3～5 号和 7 号亚流域。这几个亚流域水土流失严重，在降雨最大的 7 月随泥沙进入河流中的污染物增多，导致水体中污染物浓度升高，呈现中度污染排放。在 10 月，总磷污染指数处于 0～1 之间，整个流域水质良好，没有排放超标的亚流域。这是由于在 10 月以后，农业耕作较少，施肥不多，且经过汛期的冲刷，土层中磷含量已降低不少，再加上水量中等，污染物排放浓度较低。

总体而言，2001 年枯水年的泥沙侵蚀指数较高，水土流失严重，北部的 1 号、3～7 号、9 号、13 号和流域出口的 22 号亚流域为泥沙的 6 级优先控制区；总磷污染指数随月份而变化，1 月枯水期位于一级水功能区的 10 号和 12 号亚流域水质超标较多，分别为枯水期总磷污染 3 级和 2 级优先控制区；7 月丰水期北部的 1 号、3～5 号和 7 号亚流域水质超标较严重，其中 3 号和 7 号亚流域为 4 级优先控制区，1 号、4 号、5 号亚流域为 2 级优先控制区；10 月整个流域水质良好，无总磷优先控制区。

2）平水年识别结果

2004 年为平水年代表年，其识别结果如附录 B 图 B-18 所示。可以看出，2004 年研究区泥沙侵蚀指数整体上较高，大部分亚流域处于 5～7 之间，泥沙侵蚀剧烈。各亚流域中，北部的 1 号、3～5 号、7 号和 13 号亚流域的泥沙侵蚀指数均大于 6，属于剧烈侵蚀。这些亚流域主要分布在西溪河、东溪河两岸。这些区域山高坡陡，主要植被为山地灌丛草甸，山坡上岩石较多，土层较薄，水土流失严重；加上 2004 年降水量较多，水土侵蚀比 2001 年也更严重。

2004 年 1 月，各汇水单元的总磷污染指数相差较大，处于 1～5 之间，其中 10 号、12 号亚流域为强污染排放，11 号亚流域为较强污染排放，2 号和 17 号亚流域为中度污染排放。10 号、12 号和 11 号这三个位于一级水功能区的亚流域，在 1 月降雨较少的情况下，水体自净能力差，水质要求高，导致其总磷排放浓度不能满足相关水质标准。而在 17 号和 2 号亚流域，人类活动较频繁，对排放浓度有一定影响。7 月大宁河流域总磷污染指数整体上也不高，处于 2～3 之间，高污染排放区域主要是北部的 5 号和 7 号亚流域。这些亚流域水土流失严重，在降雨最大的 7 月随泥沙进入河流的污染物增多，导致排放浓度升高，呈现中度污染排放。其他亚流域均呈现轻度到中度污染排放。7 月虽然污染物排放负荷增多，但流量也随降雨增加而增大，一定程度上对于污染排放有稀释作用。在 10 月，整个流域总磷污染指数处于 0～2 之间，流域水质良好，仅有 17 号亚流域有轻度污染排放。

总体而言，2004 年平水年的泥沙侵蚀指数高，水土流失严重，1 号、3～5 号、7 号和 13 号亚流域为泥沙侵蚀 6 级优先控制区；总磷污染指数随月份而变化，1 月枯水期时 10～12 号亚流域排放浓度超标较多，其中 10 号和 12 号亚流域为 5 级优先控制区，11 号亚流域为 4 级优先控制区；7 月丰水期 3 号和 7 号亚流域总磷排放有一定超标，为 3 级优先控制区；10 月整个流域排放情况良好，无总磷污染优先控制区。

3）丰水年识别结果

2008 年为丰水年代表年，其识别结果如附录 B 图 B-19 所示。可以看出，2008 年研究区的泥沙侵蚀指数整体上较高，大部分亚流域处于 6～7.7 之间，泥沙侵蚀剧烈。各亚流域中，北部的 1 号、3～5 号、7 号、9 号和 13 号亚流域泥沙侵蚀指数均大于 7，中部的 10～12 号、14 号、22 号亚流域泥沙侵蚀指数大于 6，这些亚流域均属于剧烈侵蚀，整个流域也呈现出水土流失异常严重的现象。2008 年是典型的丰水年，降雨多，流量大，水土流失严重，一些在枯水年和平水年水土涵养较好的亚流域也出现较严重的土壤侵蚀情况。这说明降雨对于水土流失和土壤侵蚀有重要影响，在山高坡陡、农业耕作发达的区域，一定要做好水土保持工作，防治水土流失。

2008 年 1 月研究区的总磷污染指数整体上较高，不同亚流域相差较大，处于 1～6 之间，其中中部的 10 号、12 号亚流域为极强污染排放，11 号亚流域为强污染排放，17 号亚流域为较强污染排放。10 号、12 号和 11 号这三个位于一级水功能区的亚流域，在 1 月降雨较少的情况下，水体自净能力差，水质要求高，导致水质不能满足水功能区的要求。其他亚流域 1 月也呈现一定的污染排放。由此可见，虽然 2008 年 1 月降雨量比平常年有所增加，但由于降雨增加的径流不足以稀释由径流携带而来的污染物，导致这些亚流域的污染排放比平常年严重。7 月流域的总磷污染指数差别较大，处于 0～5.5 之间，有些亚流域水质良好，有些亚流域污染严重。严重超标的亚流域主要是 3 号和 7 号亚流域。3 号和 7 号亚流域水土流失严重，在降雨最大的 7 月随泥沙进入河流中的污染物增多，导致水体中污染物浓度升高，呈现强污染排放。此外，1 号、4 号、12 号和 17 号亚流域也呈现较强污染排放，其中 1 号和 4 号亚流域污染严重与水土流失严重有关。对于后溪河 4 个亚流域而言，7 月虽然污染物负荷增多，但流量也随降雨增加而增大，一定程度上对于污染物排放有稀释作用，对水质有改良作用，这几个亚流域在 7 月的水质均比 1 月要好。在 10 月，整个流域总磷污染指数处于 0～6 之间，污染排放比枯水年和平水年严重，污染排放的分布状况与 1 月一致。这是由于 2008 年 10 月降雨量较大，而 10 月巫溪县农作物收割后，地表植被覆盖低，非点源污染较严重。

总体而言，2008 年研究区的泥沙侵蚀指数高，水土流失严重，1 号、3～5 号、7 号、9 号和 13 号亚流域为泥沙侵蚀的 6 级优先控制区，整个亚流域均需要开展水土保持工作；总磷污染指数随月份而变化，1 月枯水期 10 号和 12 号亚流域排放超标较多，为枯水期总磷污染 6 级优先控制区，11 号亚流域为 5 级优先控制区，17 号亚流域为 4 级优先控制区；7 月丰水期 3 号和 7 号亚流域排放超标严重，为总磷污染的 5 级优先控制区，1 号、4 号、12 号、17 号亚流域为 4 级优先控制区；10 月平水期 10 号亚流域排放超标较多，为总磷污染的 6 级优先控制区，12 号和 17 号亚流域为总磷污染的 5 级优先控制区，11 号亚流域为 4 级优先控制区。

4）不同水文年的结果对比

从分析结果可知，在枯水年、平水年和丰水年中，整个大宁河流域（巫溪段）的泥沙侵蚀指数均较高，呈现为较为严重的水土流失，需要加大治理。具体而言，丰水年水土流失最为严重，平水年次之，枯水年情况稍好，这表明降雨是研究区水土流失的驱动力；当降雨减少，径流产生少，水土流失也会相应地减少。从泥沙优先控制区分布状况看，上游东溪河和西溪河沿岸亚流域水土流失严重，泥沙侵蚀指数在 3 个年份中均处于前几位，其中 5 号和 7 号亚流域尤为明显，需要密切关注，加大治理。

对于总磷而言，不同水文年的总磷污染指数差异较大，不同月份总磷污染情况也不一样。从年际分布来看，丰水年的总磷污染排放最严重，平水年次之，枯水年最好。从月份分布来看，平水期流域水质状况最好，枯水期次之，丰水期水质最差。出现这种现象，一方面是由于 10 月处于下半年，土壤中的磷含量已经比上半年少很多，磷素流失少；另一方面是由于 10 月径流产生量大，对于水体中污染物的稀释效果较大，因此水质较好。1 月降雨少、非点源污染产生少，对水质影响不大。而 7 月降雨量增多，4 月和 6 月的农业耕作施肥使土壤中磷素含量增加，污染物流失量增大，体现出明显的非点源污染特征。从总磷优先控制区分布情况看，位于一级水功能区的 10 号、12 号和 11 号亚流域在 1 月枯水期水质较差，为枯水期的总磷污染优先控制区；而水土流失较为严重的东溪河和西溪河两侧的

1号、3号、5号、7号、9号亚流域以及大宁河中人口分布较为集中的17号亚流域水质严重污染状况时有发生，为丰水期的总磷污染优先控制区；10月平水期整体水质较好，无总磷污染优先控制区。

（2）优先控制区识别的影响因素分析

本节深入分析了优先控制区的影响因素，本节运用SPSS13.0软件分析泥沙侵蚀指数与总磷污染指数的影响因素。

1）泥沙侵蚀指数的影响因素分析

泥沙侵蚀的影响因素包括了径流、土地利用类型及坡度等。其中，径流是发生水土流失的驱动力，径流越大，越容易发生水土侵蚀；土地利用类型决定下垫面的植被覆盖状况，植被覆盖度越高，水土流失越不易发生；而坡度则影响着泥土的附着稳定性。根据大宁河流域（巫溪段）的实际情况，选取径流量、林地所占面积、农地所占面积、小于15°坡地所占面积、15°～35°坡地所占面积以及大于35°坡地所占面积共6个因素为主要因子，首先应用主成分分析法识别与泥沙侵蚀指数最相关的几个因子，然后采用线性回归分析方法拟合泥沙侵蚀指数与主要因素的方程，用以指导大宁河流域泥沙侵蚀指数的预测。

主成分分析法在SPSS中的操作步骤为Analyze→Data Reduction→Factor。对径流、林地所占面积、农地所占面积、小于15°坡地所占面积、15°～35°坡地所占面积以及大于35°坡地所占面积等6个因子进行主成分分析，结果如表3-12所示。

表3-12　泥沙侵蚀指数主成分分析结果

成分	特征值			未经旋转的公因子方差		
	总和	占方差百分比/%	累计百分比/%	总和	占方差百分比/%	累计百分比/%
1	2.679	53.58	53.58	2.679	53.58	53.58
2	0.994	19.87	73.46			
3	0.774	15.48	88.94			
4	0.466	9.32	98.27			
5	0.087	1.73	100.00			

可以看出，与泥沙侵蚀指数有关的主成分只有一个，解释力为53.58%。该主成分包含的影响因素为径流量、农田所占面积、15°～35°坡地面积、大于35°坡地面积和林地面积，其因子大小分别为0.699、−0.654、0.162、0.913和0.950。由此可知，泥沙侵蚀指数主成分中包含的因子包括林地面积、坡度大于35°坡地面积以及径流量。其中，林地面积对该主成分贡献最大，坡度大于35°坡地面积贡献次之，径流量贡献最小。

将泥沙侵蚀指数与径流量、林地面积和坡度大于 35°坡地面积进行归一化处理，并采用多元线性回归分析，得出如下公式：

$$S_i=0.254+0.729W-0.202F+0.275L \tag{3-10}$$

式中：S_i——泥沙侵蚀指数；

　　　W——径流深，mm；

　　　F——林地面积，km^2；

　　　L——坡度＞35°土地面积，km^2。

从上式可知，影响水土流失发生最主要的因素是径流量，这是由于径流是土壤侵蚀发生的驱动力；林地面积和坡度大于 35°土地面积对泥沙侵蚀指数影响差不多，但林地面积与泥沙侵蚀指数关系为负相关，而坡度大于 35°土地面积与泥沙侵蚀指数关系为正相关。这是由于一方面林地植被覆盖度高，土壤固结，不易发生水土流失；另一方面林地有涵养水源的作用，可以减少径流的产生，延迟径流高峰出现的时间以及减小径流峰值，这些因素都可以大大缓解水土流失的发生。而在大于 35°的陡坡上开垦耕作，由于坡度大，土壤疏松，极易发生水土流失。由此可以看出，为了有效地减少水土流失的发生，降低流域的泥沙侵蚀指数，需要提高植被覆盖度，增加林地面积；同时禁止在陡坡上耕作，种植水土保持林，以涵养水源，保持水土。

2）总磷污染指数的影响因素分析

总磷污染指数的因子也包括了径流量、林地所占面积、农地所占面积、小于15°坡地所占面积、15°～35°坡地所占面积以及大于 35°坡地所占面积等 6 个因子，主成分分析结果如表 3-13 所示。

表 3-13　总磷侵蚀指数主成分分析结果

成分	特征值			未经旋转的公因子方差		
	总和	占方差百分比/%	累计百分比/%	总和	占方差百分比/%	累计百分比/%
1	4.042	67.35	67.35	4.042	67.35	67.35
2	1.142	19.02	86.38	1.142	19.02	86.38
3	0.641	10.68	97.07			
4	0.171	2.84	99.91			
5	0.005	0.08	100.00			
6	4.76×10^{-7}	0.00	100.00			

由表 3-13 可知，用以解释大宁河流域（巫溪段）总磷污染指数的主成分主要有两个，其解释力为 86.39%。第一个主成分包含的因素主要有径流量、林地面积和坡度大于 35°坡地面积，第二个主成分包含的因素主要有坡度 15°～35°坡地面积。由于影响总磷污染的因素比较复杂，因素之间又互相影响，所以当采用径流、林地面积、坡度大于 35°坡地面积和坡度 15°～35°坡地面积进行多元线性回归时，发现因素间自相关性很高，得出的线性回归方程 sig.=0.5，不符合要求。

由于本方法是基于水功能区划的浓度限制，采用总磷浓度超标倍数识别优先控制区，而与总磷浓度最直接相关的两个参数为总磷负荷产生量以及河道中的流量。故本研究选取总磷负荷产生量与河道中流量两个自变量，选取总磷污染指数为因变量，进行多元线性回归分析，得出公式如下：

$$I_i = 0.475 + 0.503 \text{SubP} - 0.559F \tag{3-11}$$

式中：I_i——总磷污染指数；

SubP——亚流域面上产生总磷负荷，kg；

F——亚流域所在河段的流量大小，m^3/s。

从上式可知，总磷污染指数与总磷负荷产生量呈正相关关系，而与河道中流量呈负相关关系。由此表明，总磷排放使河流污染加重，但流量的加大使水体中总磷排放浓度降低，水质反而得到改善。因此在枯水期需要保证河流中有一定的来水量，可保持水质良好。

（3）嵌套模拟结果

在流域尺度优先控制区识别基础上，本节进一步识别了亚流域尺度的优先控制区。为了方便对比，选择第 7 号亚流域进行了嵌套模拟，并将嵌套模拟结果与 80 个亚流域划分方案的识别结果进行了对比。对于泥沙，由于枯水年第 7 号亚流域泥沙侵蚀不严重，而平水年是泥沙侵蚀较为代表性的一年，故本章选取 2004 年进行泥沙优先控制区识别；对于总磷，选取年枯水年、平水年和丰水年的 1 月和 7 月作为典型月份进行总磷优先控制区识别。

1）泥沙优先控制区识别结果

如附录 B 图 B-20 所示，80 个亚流域模拟方案与嵌套模拟方案识别出来的泥沙优先控制区区域大体一致，但嵌套模拟方案识别出来的泥沙优先控制区更为精细。具体分析如下：在 80 个亚流域划分方案中，第 16 号亚流域为剧烈侵蚀，被识别为泥沙优先控制区；但在第 7 号亚流域嵌套再模拟方案中，原来的第 16 号亚流域被细分为多个亚流域，在这其中，仅有第 33 号、37 号、45 号和 46 号亚流域为剧烈侵蚀，其他亚流域为强度侵蚀。在 80 个亚流域划分方案中，第 5 号亚流域泥沙剧烈侵蚀，被识别为泥沙优先控制区；在第 7 号亚流域嵌套再模拟方案中，第 5 号亚流域被细分为第 7 号、8 号和 15 号亚流域，其中第 7 号亚流域为剧烈侵蚀，第 8 号和 15 号亚流域为强度侵蚀。在 80 个亚流域划分方案中，第 47 号亚流域泥沙剧烈侵蚀，被识别为泥沙优先控制区；在嵌套模拟方案中，该亚流域被细分为多个亚流域，在这其中，第 55 号、56 号、57 号、58 号、59 号和 63 号亚流域为剧烈侵蚀，其他亚流域为强度侵蚀。这几个剧烈侵蚀的亚流域，主要分布在 47 号亚流域的北部和西部。此外，在 80 个亚流域划分方案中，第 8 号和第 10 号亚流域泥沙强度侵蚀，与其他剧烈侵蚀的亚流域相比，情况稍好，未被识别为泥沙优先控制区。在第 7 号亚流域嵌套再模拟方案中，第 8 号亚流域被细分为第 18 号、19 号和 41 号亚流域，其中第 41 号亚流域泥沙剧烈侵蚀；第 10 号亚流域被细分为第 21 号、26 号和 43 号亚流域，其中第 43 号亚流域泥沙剧烈侵蚀。

综上分析可知，在第 7 号亚流域嵌套再模拟方案下，第 7 号、13 号、14 号、17 号、20 号、22 号、23 号、30 号、31 号、33 号、36 号、37 号、41 号、43 号、45 号、46 号、49 号、50 号、54~57 号、58 号、59 号和 63 号亚流域为 2004 年泥沙优先控制区。

2）总磷识别结果

如附录 B 图 B-21 所示，平水年 1 月总体水质较好，仅有个别亚流域排放超标，具体分析如下：在 80 个亚流域划分方案中，仅有第 15 号亚流域为轻污染排放，其他亚流域排放达标；在嵌套模拟情况下，第 15 号亚流域被细分为 29 号、36 号和 48 号亚流域，其中第 29 号亚流域中度污染排放，第 36 号亚流域轻度污染排放，第 48 号亚流域污染排放不超标。此外，在 80 个亚流域划分方案中，排放未超标的 10、19 和 47 号亚流域，在嵌套模拟的情况下，由于亚流域被细分，某些更小的空间单元出现了排放超标的现象，其中第 62 号和 64 号亚流域为中度污染排放，第 43 号、49 号、54 号和 56 号亚流域为轻度污染排放。

综上分析可知，在嵌套模拟方案下，第 29 号、62 号和 64 号亚流域为枯水期的总磷 3 级优先控制区，第 36 号、43 号、49 号、54 号和 56 号亚流域为总磷 2 级优先控制区。

如附录 B 图 B-22 所示，2004 年 7 月第 7 号亚流域总体水质较好，均为轻度污染排放或无超标排放。

3.6　本章小结

本章构建了基于污染排放量的优先控制区识别体系，探讨了影响非点源污染排放的关键因素，在此基础上开展了嵌套模拟，建立了基于"流域-汇水单元-次级汇水单元"的优先控制区降尺度识别方法。本方法综合考虑了汇水单元所处水功能区的水质浓度限制要求，同时考虑了上游污染物输入对下游水环境的影响，因而本方法更适合于复杂流域，尤其是存在着主导功能和水质管理目标不同的多个特定水域。大宁河流域（巫溪段）案例研究结果表明：

①整个大宁河流域（巫溪段）泥沙侵蚀指数均较高，且丰水年＞平水年＞枯水年，流域呈现为较为严重的水土流失，需要加大治理力度。不同水文年（期）流域内的总磷污染指数差异较大。从年际分布来看，丰水年＞平水年＞枯水年；从月份分布来看，丰水期＞枯水期＞平水期；从空间分布情况看，位于一级水功能区的亚流域更容易被识别为枯水期的总磷污染优先控制区；平水期整体水质较好，无总磷污染优先控制区。

②对影响因素而言，林地面积、坡度大于 35°坡地面积以及径流与泥沙侵蚀指数最为相关，径流、林地面积、坡度大于 35°坡地面积和坡度 15°～35°坡地面积与总磷污染指数最为相关。

③嵌套模拟结果表明，与传统亚流域划分方案相比，嵌套模拟方案的优先控制区识别结果更为精确，主要表现为：从重污染和轻污染排放单元中均识别出了污染排放严重的次级优先控制区。

参考文献

[1] 方志发，王飞儿，周根娣. BMPs 在千岛湖流域农业非点源污染控制中的应用[J]. 环境管理，2009，1：69-73.

[2] 黄琴. 非点源污染优先控制区识别——以三峡库区大宁河流域（巫溪段）为例[D]. 北京：北京师范大学，2013.

[3] Angelidis M，Kamizoulis G. A rapid decision-making method for the evaluation of pollution-sensitive coastal areas in the Mediterranean Sea[J]. Environmental Management，2005，35（6）：811-820.

[4] Chang H. Spatial analysis of water quality trends in the Han River Basin，South Korea[J]. Water Research，2008，42（13）：3285-3304.

[5] Cisneros J M，Grau J B，Anton J M，et al. Assessing multi-criteria approaches with environmental，economic and social attributes，weights and procedures：a case study in the Pampas，Argentina[J]. Agricultural Water Management，2011，98（10）：1545-1556.

[6] Dodds W K，Oakes R M. Headwater influences on downstream water quality[J]. Environmental

Management, 2008, 41 (3): 367-377.

[7]   Miller J R, Mackin G, Lechler P, et al. Influence of basin connectivity on sediment source, transport, and storage within the Mkabela Basin, South Africa[J]. Hydrology and Earth System Sciences, 2013, 17 (2): 761-781.

[8]   Munafo M, Cecchi G, Baiocco F, et al. River pollution from non-point sources: a new simplified method of assessment[J]. Journal of Environmental Management, 2005, 77 (2): 93-98.

[9]   Singh A, Imtiyaz M, Isaac R K, et al. Comparison of soil and water assessment tool (SWAT) and multilayer perceptron (MLP) artificial neural network for predicting sediment yield in the Nagwa agricultural watershed in Jharkhand, India[J]. Agricultural Water Management, 2012, 104: 113-120.

[10]   Su S, Li D, Zhang Q, et al. Temporal trend and source apportionment of water pollution in different functional zones of Qiantang River, China[J]. Water Research, 2011, 45 (4): 1781-1795.

[11]   Wengrove M E, Ballestero T P. Upstream to downstream: stormwater quality in Mayaguez, Puerto Rico[J]. Environmental Monitoring and Assessment, 2012, 184 (8): 5025-5034.

[12]   White M J, Storm D E, Busteed P R, et al. Evaluating nonpoint source critical source area contributions at the watershed scale[J]. Journal of Environmental Quality, 2009, 38 (4): 1654-1663.

4

基于贡献量的优先控制区识别

对于点源污染而言，由于管道排放的特性，其污染排放量约等于污染流失量，也近似于受纳水体的环境风险。因此，基于污染排放量的重点污染源调查对点源污染是适用的。与之对应的是，由于没有固定的排放渠道，基于排放量的优先控制区调查对非点源污染而言则有一定的局限性（欧洋，2008）。理论上，非点源污染的影响需要综合考虑污染源和受体两部分，只有全面而重点地了解各汇水单元对于流域水环境的影响，量化流域特定水环境断面的污染物种类、污染负荷量及其来源的时空分布特征，才可能实现非点源污染的有效控制和科学管理（Yeghiazarian et al.，2006）。从这一根本目的出发，非点源污染优先控制区的研究范畴就不应仅局限于各汇水单元的污染物产生量（第 2 章），或者仅考虑污染源与环境两大系统的边界结合部（第 3 章），更应该关注污染物从流域系统排放到环境系统特定位置的部分。只有将流域系统看作一个整体开展研究，量化与水环境系统相关的各污染源的贡献量，才能将流域系统和水环境系统有机地结合在一起，从而有效地制订流域水环境管理方案（Caruso，2001）。

本章构建了基于污染贡献量的非点源污染优先控制区识别方法，其技术核心为量化流域内具有水文关联的各汇水单元对特定水环境断面（评估点）污染负荷的影响。本章提出了包括模型耦合和马尔科夫链在内的两种贡献量计算方法，同时以大宁河流域为案例，系统对比了基于污染产生量、排放量和贡献量的优先控制区识别方法。

4.1　基于模型耦合的贡献量计算

由于非点源污染的特殊性，污染源对水环境的贡献与流域水文过程是紧密相关的。根据流域产汇流原理，污染物抵达流域内特定水环境断面（流域水质评估点）之前大体可分为排污和汇污两个过程。其中，排污过程指的是污染物通过降雨产流、地表径流、地下水补给和其他途径进入河道的过程；而汇污过程则指污染物由上游水体汇流至下游评估点，其间在水体中发生的迁移、转化等一系列物理化学过程（Kang et al.，2008）。因而，污染贡献量计算也应包括污染物排放量的计算以及量化其对水环境的贡献等过程。

通常而言，通过水质监测或水环境模型模拟，可以定性、定量或半定量地解析出河流水环境的主要污染源，并量化出各污染源对水环境的污染贡献量。研究表明，基于数学模型的计算机模拟是了解非点源污染变化机制的可靠途径及最有效的方法（孟凡德，2013）。通常，流域水文模型主要用于评估由特定区域产生并最终排放到受纳水体的河流流量、土壤侵蚀负荷以及营养物负荷,但是很少考虑营养物在河流中的迁移转化过程;而河流水环境模型则用于表征污染物在河流中的迁移转化,但却无法描述非点源污染输入的变化。因而,本节拟将污染物在流域内的迁移过程区分为排污过程和汇污过程,并在此基础上提出基于模型耦合的污染贡献量计算方法。

4.1.1 基本原理

流域模型是以方程为主要形式的数学手段,主要用来模拟污染物在水文循环的作用下所表现出来的时间和空间特征,识别其主要来源和迁移路径,评估对水体造成的污染负荷,并预报土地利用变化等措施的影响。

模型耦合的关键技术是单个模型和耦合方式的选择。本节系统地介绍了不同模型和耦合方法的特点,并在此基础上给出了单个模型和耦合方法的选取原则。

(1)模型选择

非点源污染过程可分为非点源产生迁移以及受纳水体响应两个相互关联的过程(Khadam and Kaluarachchi,2006)。因此对流域内污染贡献量的详细描述,需要具备两类模型:

◆ 第一类模型,应该能够对流域内非点源污染产生、迁移所伴随的产汇流过程、土壤侵蚀过程以及营养物迁移转化过程进行准确地描述,这是非点源污染研究的核心部分,通常这类模型被称为流域水文模型;

◆ 第二类模型,应该能够表征污染物在河流中的迁移转化过程,量化污染源排放对河流水环境污染的贡献,从而为流域水环境决策规划提供可靠的依据,这是优先控制区研究的最终目的,通常这类模型被称为河流水环境模型。

①流域水文模型。非点源污染过程按照产生机理可分为降雨径流、土壤侵蚀、污染物迁移转化和污染物河道输移4部分;相应地,流域水文模型一般也由4个模块构成,即降雨径流模块、侵蚀和泥沙输移模块、污染物转化模块、受纳水体水质模块。与前三个模块相比,流域水文模型对河道模块采用了相对简化的处理方式;大部分模型仅融合了一维河道模型,目的是评估流域出口断面的水文要素、泥沙以及污染物负荷,并未过多地考虑污染物在河道内的变化过程。这种假定对于基于污染物产生量(第2章)和排放量(第3章)的优先控制区识别是合理的,但却限制了流域水文模型在污染贡献量计算中的准确性以及推广性(王慧亮等,

2013）。

　　自 20 世纪 70 年代以来，国内外学者针对非点源污染已开发了大量的数学模型，其中既包括简单的经验模型，也包括了复杂的机理模型。20 世纪 70 年代中后期，流域水文模型逐渐进入机理探索阶段，开始综合考虑非点源污染的水文、侵蚀和污染物迁移过程，出现了复杂的机理模型和连续的时间序列响应分析模型。20 世纪 90 年代，新技术地理信息系统（Geographic Information System，GIS）的应用推进了非点源污染的定量化研究。随着 GIS 技术在流域模拟研究中的广泛应用，一些功能强大的大型流域水文模型被开发出来。这些模型已经不再是单纯的数学运算程序，而是集空间信息处理、数据库技术、数学计算、可视化表达等功能于一身的大型专业软件。近年来，随着模型的发展和实际研究的需要，已逐渐形成了以 SWAT、HSPF、AGNPS、AnnAGNPS 等为代表的综合流域水文模型（表 4-1）（李丹等，2008；王慧亮等，2013）。这些模型在结构、参数以及输入数据上各不相同，适用的尺度和流域特征也不尽相同。

表 4-1　常见的流域水文模型

空间尺度	模型名称	参数形式	模拟的主要过程及特征	时间尺度/步长	模型结构		
					水文	土壤侵蚀	污染物迁移
农田小区	CREAMS	集总式	模拟连续或离散的暴雨过程对农田径流、渗滤、蒸发、土壤侵蚀及化学物质的迁移转化的影响	长期连续/1 d	SCS 水文模型、Green-Ampt 入渗模型、蒸发	考虑溅蚀、冲蚀、河道侵蚀和沉积	氮磷、杀虫剂、简单污染物平衡
	GLEAMS	集总式	模拟连续或离散的暴雨过程对农田径流、渗滤、蒸发、土壤侵蚀、化学物质的迁移转化及农药垂直通量变化的影响	长期连续/1 d	SCS 水文模型、Green-Ampt 入渗模型、蒸发	通用土壤流失方程（USLE）	氮磷、农药及其地下迁移过程
	EPIC	集总式	可进行农田养分循环与平衡的动态模拟；评价农田作物生产力和水土资源管理策略的动态效果	长期连续/1 d	SCS 水文模型、入渗、蒸发、融雪	改进的通用土壤流失方程（RUSLE）	氮磷负荷、复杂污染物平衡

空间尺度	模型名称	参数形式	模拟的主要过程及特征	时间尺度/步长	模型结构		
					水文	土壤侵蚀	污染物迁移
流域尺度	HSPF	集总式	对综合水文、水质过程的模拟。适用于连续或一次的暴雨过程；且可模拟一般污染物或有毒有机污染物	长期连续/1 min～1 d	斯坦福水文模型	考虑雨滴溅蚀、径流冲刷和沉积作用	氮磷、农药、复杂的污染物平衡
	SWRRB	集总式	模拟连续或一次降雨过程，适用于郊区（乡村地区）的水文过程、作物生长、泥沙沉积、污染物的迁移运动	长期连续/1 d	SCS水文模型、入渗、蒸发、融雪	RUSLE	氮磷负荷、复杂污染物平衡
	AGNPS	分布式	对流域采用划分子流域的方法，子流域再被划分为许多矩形工作单元，适用于模拟流域径流过程、土壤侵蚀、化学物质的迁移转化	长期连续/1 d	SCS水文模型	RUSLE	氮磷和COD负荷、不考虑污染物平衡
	ANSWERS	分布式	采用均匀网格系统，模拟一次暴雨过程。适用于农业流域的截留、渗透、地表储水、地表径流、壤中流、土壤侵蚀、泥沙输运、沉积等过程	暴雨期/1 min	Green-Ampt入渗模型、考虑降雨初损、入渗、坡面流和蒸发	考虑溅蚀、冲蚀和沉积	氮磷的复杂污染平衡
	SWAT	分布式	模拟不同土壤、土地利用和管理措施对流域内径流、泥沙、农业化学物质运移等。适用于预测较大或中型流域	长期连续/1 d	SCS水文模型、入渗、蒸发、融雪	RUSLE	氮磷负荷、复杂污染物平衡

②河流水环境模型。通常包括了水动力学模块以及水质模块，主要用来描述污染物在河流水环境中的变化及其影响因素间的相互关系，最终形成河流水文要素及多种污染物质的模拟计算。相对于流域水文模型，河流水环境模型由于发展历史较长，研究成果相对成熟，在实际应用中取得了较好的效果，因此被广泛地应用于污染物的流域水环境过程模拟、形态分布计算、界面吸附、水生生物生长及生态效应模拟等（陈磊，2008）。近年来，采用河流水环境模型模拟和预测非点

源污染物的水环境行为，已经成为水环境评价、水环境管理规划以及河流监测网络设计等领域的研究热点。

河流水环境模型研究是与全球经济的快速增长、环境问题的日益突出以及日新月异的新技术革命密切相关的。从 1925 年的 S-P 模型开始，经过 70 多年的艰苦努力，水质模型的研究内容与方法不断深化与完善：一方面，表现在模型的数量上，迄今美国国家环境保护局研究与发展部（USEPA's Office of Research and Develop）公布的有关模型软件已有 120 多个。其中 20 世纪 80 年代以来，多类模型得到了开发及广泛的运用，常见的河流水环境模型主要包括 WASP、QUAL2E、CE_QUAL_W2、EFDC 等（表 4-2）（Debele et al.，2008；Narasimhan et al.，2010）。这些河流水环境模型，包含二维甚至是三维的水动力模块，但难以运用于包含高地等的流域地形。另一方面，表现在模型的规模上，水质模型已从单纯、孤立、分散的水质研究通过自身内部之间以及与其他有关模型之间的相互渗透、联合逐步发展壮大为以水质为中心的流域管理研究，这是水质模型研究的必然结果，同时也是社会发展所需（Khadam and Kaluarachchi，2006）。

表 4-2　常见河流水环境模型

	模型名称	模型维数	界面	应用领域
仅模拟水质	CE_QUAL_ICM	一、二、三维	有	河流、湖泊、河口
	CE_QUAL_R1	垂向一维	无	水库、湖泊
模拟水动力和水质	WASP	一维、三维	有	河流、湖泊、水库、河口
	EFDC	三维	有	河流、湖泊、河口、水库、湿地和海洋
	QUAL2E	纵向一维	有	水系、河流
	CE_QUAL_W2	垂向二维	有	河流、水库、河口
	CE_QUAL_R1V1	纵向一维	无	河流
	SNTEMP	纵向一维	无	河流

（2）模型耦合方式

由于流域系统的非线性特征，河流水环境模型通常将汇水区非点源污染和上游支流等输入项作为主河道上的点源来处理，并且多是采用固定的非点源污染负荷输入量。显然，这种处理方法与实际情况并不完全相同，无法有效地反映非点源输入的变化，从而造成贡献量评估结果的失真。同时，模型耦合过程需要考虑消除模型在空间参数化和数据链接中的固有差异，从而合理地选择模型耦合方式。

　　常见的模型耦合方式包括了松散结合、半紧密结合和紧密结合三种（陈磊，2008），具体介绍如下所示。

　　松散结合方式：在这种耦合方式中，河流水环境模型和流域水文模型保持着各自系统的相对独立性，河流水环境模型和流域水文模型之间通过数据交换实现耦合的效果。相对而言，这种方式更为简单灵活，是目前较为通用的耦合方式。通常而言，需要用流域水文模型量化不同汇水单元的非点源污染输出量（见第 3 章），并将输出结果以数据交换文件的形式输入到河流水环境模型中。

　　松散结合方式是目前较为通用的模型耦合方式，此方式所得成果较易推广到其他研究中。以 SWAT 模型为例，目前该模型已被用来与多个模型，如融雪模型、水资源管理软件、不确定分析数学模型、经济模型（ProLand）、社会模型（AMINO）、气候模型耦合在一起，并应用于不同的研究目的。QUAL 模型作为非常活跃的河流水环境模型，经常用来补充流域水文模型，从而对营养物在河道中的迁移转化过程进行描述。截至目前，QUAL 模型已经与河口模型（MUDLARK）、河网模型（MODSIMQ）、河口回水模型耦合在一起。也有研究耦合了 QUAL2E 模型与 SWAT 模型，综合评估了意大利北部山区的点源污染和非点源污染。随着富营养化问题的频发，流域水文模型与湖泊富营养化模型也常被耦合在一起解决实际问题。

　　半紧密结合方式：这种耦合方式将数据管理隐含在模型耦合系统中，河流水环境模型和流域水文模型存在于同一界面，模型之间则通过界面系统直接地实现数据交换和信息共享。常见的半紧密结合方式是利用地理信息系统开发模型的共用界面或数据、信息交换程序，从而为模型耦合系统的数据输入、可视化输出提供便利。

　　半紧密结合方式是目前通用的模型系统开发模式，其经典模式是美国国家环境保护局（U.S. Environmental Protection Agency，USEPA）开发的大型流域管理模型（Better Assessment Science Integrating Point and Nonpoint Sources，BASINS）。BASINS 模型可对不同流域尺度下的点源污染和非点源污染进行综合分析，目前主要用来流域水环境管理与水污染规划。该模型系统以地理信息系统为依托界面，集成了成熟的 SWAT、HSPF、QUAL2E、PLOAD 等模型，并使用地理信息系统界面从数据库抽取数据，从而将流域数据与各种分析工具结合在一起，使流域分析管理变得十分方便快捷。

　　紧密结合方式：这种方式指将河流水环境模型和流域水文模型进行完全耦合，具体是将流域水文模型的方程代码嵌入到河流水环境模型中或是把河流水环境模型的代码嵌入流域水文模型中。目前，紧密结合方式并不常见，主要原因是模型间的紧密耦合需要开发者具有较高的模型知识，是建立在对单个模型充分了解的基础上的，实践难度大。

紧密结合方式目前常见于一些大型的流域模型，这些模型大多融合了一维或零维河流水环境模型，如 SWAT 模型实际上已耦合了 QUAL2E 模型的部分代码；SWIM 模型则是由 SWAT 模型的水文模拟模块与 MATSALU 模型的营养物质模块集成而得；SWATMOD 模型则是将 SWAT 模型与 MODLFOW 地下水模型集成而得。未来的大型流域水文模型需要进一步集成二维、三维等更为复杂的河流水环境模型，以实现污染负荷贡献量的精细化计算。

总的来说，河流水环境模型及流域水文模型在适用范围、模拟功能等方面均有各自的特点及优势。在实际应用中，目前常见的模型耦合方式是松散结合方式和半紧密结合方式。基于模型耦合的污染贡献量计算过程中，首先应根据流域实际情况合理地选择成熟的河流水环境模型与流域水文模型，将多个模型进行科学匹配并评估流域各汇水单元对特定水环境断面的污染贡献量，以此为流域尺度的优先控制区识别奠定基础。

4.1.2 方法流程

基于耦合模型划分技术的具体步骤如下所示：

（1）步骤一：*基础数据库建立*

在实地踏勘、资料收集与整理的基础上，结合野外采样分析，构建研究区空间数据库和属性数据库。其中，流域水文模型数据库包括数字高程模型（DEM）、土地利用、土壤类型等空间数据，以及土壤理化性质、植被覆盖参数、耕作方式、水文气象数据等属性数据。河流水环境模型数据库则包括了河道地形、边界条件、气象、水文、泥沙和水质等数据。

（2）步骤二：*流域概化*

以地理信息系统技术为支持，确定研究区的流域边界、生成流域河网和划分亚流域。利用地理信息系统软件提取研究区水系图，测量各河段长度，并设置流域出口；按照推荐的河道集水面积阈值划分亚流域，各河段控制流域的基本信息则从流域水文模型中提取；对枝状河流系统进一步概化，将流域主河流及其支流概化为一个由简单线段组成的枝状网络，明确河流的主要流经区域、河段上下边界、明确河段长度、各河流之间的交汇点等信息；根据河道地形数据最终确定河流水环境模型的模拟范围以及底部高程。

（3）步骤三：模型准备

河流水环境模型需要包括点源污染和非点源污染等输入数据，其中点源污染输入数据可由资料调研或实地监测获得；而各河段的径流、泥沙和污染物等非点源污染输入量，则由流域水文模型模拟获得。为更好地耦合河流水环境模型和流域水文模型，将流域水文模型划分的河段作为河流水环境模型的基本河段单元，并将河流水环境模型分成不同时间段的模型，由流域水文模型为水环境模拟提供气象、水文、泥沙以及水质等驱动数据。由于河流水环境模型和流域水文模型在模拟变量和数据尺度上存在着不匹配性，二者需要一定的转换，转换公式一方面来源于现场实测，另一方面来源于文献中介绍的常规处理方式（陈磊，2008）。

（4）步骤四：参数确定

耦合模型中涉及的参数众多，通常很难对每一个参数均进行实际测定。建议可通过模型参数敏感性分析，确定流域水文模型和河流水环境模型的关键敏感参数，对关键参数开展野外采样分析并结合调参技术获取其特征值；其他敏感性不高的参数则可通过相关文献或经验公式确定。考虑到耦合系统的普及性，可编写一系列脚本文件统一读取耦合模型的关键敏感参数文件。在模型参数精确校准的基础上，检验模型的有效性，然后分别构建研究区的流域水文模型和河流水环境模型。在此基础上，针对模型的结构，采用时空假设方式，开发基于地理信息系统的模型耦合系统。

（5）步骤五：贡献量计算

利用验证后的流域水文模型，探讨非点源污染的时空分布特性，在此基础上估算研究区各汇水单元的非点源污染负荷输出量（详见第3章）。利用验证后的河流水环境模型，开展河道迁移转化过程模拟，并通过数字河网演算得到各汇水单元对河流某水环境断面的污染贡献量。依据贡献量计算结果对各汇水单元进行总体排序。

（6）步骤六：优先控制区识别

分析典型水文期内特定水环境断面的超标风险，通过量化不同汇水单元对该河流断面的污染负荷贡献量，明确流域内的主要污染源，将引起水环境污染的关键汇水单元定义为流域非点源污染的优先控制区。

此方法的步骤如图4-1所示。

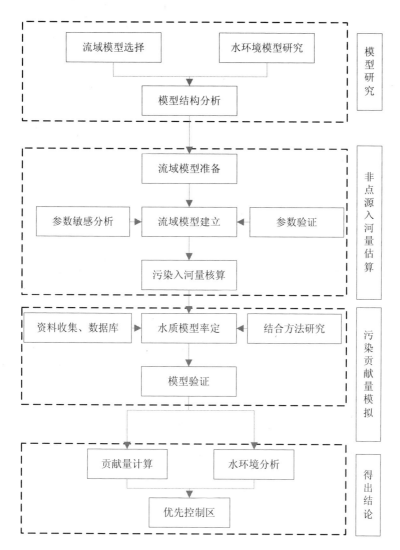

图 4-1　基于贡献量模拟的优先控制区识别技术流程图

4.1.3　方法特点

本方法的特点如下所示：

◆　模型耦合为贡献量计算提供了绝好的数据调用、协同工作平台；从发展趋势来看，非点源污染物的迁移转化机理研究将更加深入，大型流域管理模型软件将成为流域模型开发的主流，这将为基于贡献量的优先控制区识别提供必要的工具支持；

◆ 就耦合技术而言，本方法将汇水区模拟与河段模拟分开考虑；这样做的好处在于可根据流域的特殊情况，如水坝瀑布或不同产流模式，选择更为灵活且符合实际的单个模型，以增加模型耦合的适用性；逐渐成熟的模型研究将为选择合理的评估工具提供更加坚实的技术基础；

◆ 流域水文模型与水环境模型的耦合不仅能够准确识别出各汇水单元对特定断面的污染贡献量，同时也有利于针对不同情景（如未来气候变化或土地利用变化）进一步分析优先控制区的演变，从而为流域水环境管理提供更为详细全面的信息；

◆ 流域系统的复杂性和非线性是目前模型耦合的主要问题。大部分河流水环境模型（如 QUAL 模型）采用了固定的非点源污染输入量，由于模型之间在描述空间以及时间信息时存在的差异，使得模型耦合过程存在一定的困难；采取何种时空假设对于流域水文模型与河流水环境模型的耦合至关重要，是目前研究的难点；

◆ 水质监测数据的相对缺乏，使得模型耦合系统往往缺乏更为深入、细致的参数率定验证过程；资料缺失是模型经常面临的困难，这也导致耦合模型在优先控制区识别等实际应用中受到一定的限制。

4.2　基于马尔科夫链模型的贡献量计算

鉴于耦合模型的复杂性，开发简单、适用、模拟精度高的评估模型仍是基于贡献量的优先控制区研究的重要发展方向。马尔科夫链模型是一种分析随机事件发展变化趋势的技术方法，空间马尔科夫链则是利用某一汇水单元当前状态去预测紧邻汇水单元状态的方法，这与流域上下游关系和污染物迁移过程在本质上是一致的。因此，通过利用空间马尔科夫链处理流域上下游水力联系，并进一步采用转移概率矩阵评估各汇水单元对水环境的影响，是污染贡献量计算的新思路。

4.2.1　基本原理

随机过程研究起源于实际生产科研问题，其理论产生于 20 世纪初期，特别是柯尔莫哥洛夫奠定概率论后，随机过程得到了充分的发展。马尔科夫链因俄罗斯数学家安德烈·马尔科夫得名，是数学（概率论）中具有马尔科夫性质的离散空间（时间）的随机过程。在该过程中，在已知某质点在某空间（时间）单元的状态时，该质点已经经历的历史状态对预测该质点的未来状态是不起作用的，即使利用某一单元当前状态去预测紧邻汇水单元状态。理论上，河网受降水、径流、地质、地貌等综合作用影响，是汇集地表径流的主要渠道，也是非点源污染迁移的主要途径。流域非点源污染过程具有明显的马尔科夫性质：①不同汇水单元（亚流域）分别位于流域的上下游，污染物在流域内的迁移可用上下游关系加以表征（Liu and Weller，2008）；②污染物在不同汇水单元内的变化可用河道过程进行准确的描述（Grimvall and Stalnacke，1996）。

马尔科夫过程属于特殊的随机过程，由俄国数学家马尔科夫于1907年提出，目的是用数学分析方法研究自然过程。1931年柯尔莫哥洛夫发表了《概率中的分析方法》，从而为马尔科夫过程奠定了理论基础。1953年杜勃在著名的《随机过程论》中，对马尔科夫等随机过程进行了系统的描述。我国的中国科学院院士王梓昆和陈木法也对马尔科夫过程的研究作出了巨大的贡献。马尔科夫链理论已在土地规划利用、水环境污染状态预测、环境影响评价等领域有了较好的应用。目前，已有算例证明了马尔科夫链在水环境状态预测方面的可靠性，这为污染负荷贡献量评估提供了一定的理论基础。

定义一：基本汇水单元。假设 $W_1, W_2, \cdots, W_n$ 代表不同汇水单元的编号，n 为汇水单元的总数目，设随机过程 $\{W_n, n \in R\}$ 的参数集合 R 是离散汇水单元集，即 $R = \{0, 1, 2, \cdots\}$，若对任意状态，$i_0, i_1, \cdots, i_{n+1} \in I$，其条件概率满足：

$$P\{W_{n+1} = i_{n+1} \mid W_0 = i_0, W_1 = i_1, \cdots, W_n = i_n\} = P\{W_{n+1} = i_{n+1} \mid W_n = i_n\} \qquad (4\text{-}1)$$

即汇水单元的状态仅为紧邻上游汇水单元状态的函数，则称 $\{W_n, n \in R\}$ 为具有马尔科夫性质的流域表述。本章假定将满足该性质的流域过程定义为马尔科夫过程；显然，流域上下游关系和污染物的河道迁移过程均满足流域马氏过程。

定义二：转移概率矩阵（又叫跃迁矩阵，Transition Matrix）。在马尔科夫分析中，引入状态转移这个概念。所谓状态是指客观事物可能出现或存在的状态；状态转移是指客观事物由一种状态转移到另一种状态的概率。流域马氏过程的状态转移概率指的是污染物由某一汇水单元转移到另一汇水单元的概率。其中一步转移概率指的是污染物由某汇水单元经过一步转移到其他汇水单元的概率，具体表述如下：

$$P\{W_{n+1} = i_{n+1} \mid W_n = i_n\} = P\{W_{n+1}^{\cdot} = j \mid W_n = i\} = P_{ij}(n)\infty \qquad (4\text{-}2)$$

上式表示：当某汇水单元 W_n 状态为 $W_n = i$ 时，其他汇水单元 W_{n+1} 状态为 $W_{n+1} = j$ 的可能条件概率。对于流域马氏过程而言，从状态 i 出发，当一步转移概率确定后，必能达到状态空间 E 的一个状态且只能达到唯一状态。主要原因是对于大多数流域而言，各汇水单元之间的上下游关系明确，而且污染物在河道中的变化是可以进行精确描述的。流域马氏过程的一步转移概率 $P_{ij}(n)$ 可用以下限制条件进行检验：

$$0 < P_{ij}(n) < 1, \ i, j \in E; \qquad (4\text{-}3)$$

$$\sum P_{ij}(n) = 1, \ i \in E \qquad (4\text{-}4)$$

至此，可将流域马氏过程转化为由 P_{ij} 为元素组成的过程矩阵。显然，流域的上下游关系和污染物的河道变化均可用下述矩阵表示：

$$P = \begin{vmatrix} p_{00} & p_{01} & p_{02} & \cdots \\ p_{10} & p_{11} & p_{12} & \cdots \\ p_{20} & p_{21} & p_{22} & \cdots \\ \cdots & \cdots & \cdots & \cdots \end{vmatrix} \qquad (4\text{-}5)$$

通过上述论证，本章拟采用马尔科夫链处理流域上下游关系和污染物的河道变化，进一步利用转移概率矩阵评估不同汇水单元对河流水环境的污染贡献量。

4.2.2　方法流程

基于马尔科夫链模型划分技术的具体步骤如下所示：

（1）步骤一：首先通过数字高程模型获取包括流域坡度、坡向以及合水性、分水性等各种流域水文信息。由于流域中的河流流向主要受重力控制，根据集水线、分水线、汇流区及相关的地貌结构特征，提取不同汇水单元的河流流入、流出特征。在此基础上，将河网概化为流域上下游关系矩阵。假设 $W_1, W_2, \cdots, W_n$ 为不同汇水单元的编号，n 为汇水单元数目，则流域的上下游关系可用 $N \times N$ 矩阵表示。当汇水单元 W_j 是另一个汇水单元 W_i 的紧邻下游汇水单元时，定义其一步转移概率为 1，代表河流是从 W_i 流向 W_j 的；相反则将转移概率定义为 0，代表各汇水单元之间没有直接的上下游关系。其数学表达如下所示：

$$H(i,j)=\begin{cases}1,\text{当}W_j\text{和}W_i\text{直接相连，且}W_i\text{为}W_j\text{紧邻的上游亚流域时}\\0,\ \text{其他情景}\end{cases} \tag{4-6}$$

利用转移概率矩阵表示研究区的上下游关系，其示意图（图4-2）如下所示：

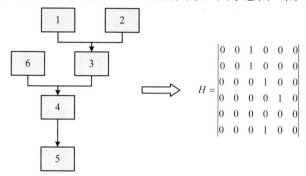

图 4-2　上下游关系矩阵

其中矩阵 H 是流域马氏过程的转移矩阵，它本质上代表了流域各汇水单元的拓扑关系。将一步转移概率定义为 1 或 0，代表流域具有明确的上下游关系。可用以下测试方法对上下游关系矩阵 H 进行检验：

①矩阵 H 中行向量各元素之和其数值不能大于 1，代表流域内的河流有明确且唯一的流向；当行向量之和为 0，代表该汇水单元是闭合的，且该汇水单元位于流域总出口；

②存在整数 m 使得 $H^m=0$，代表由初始状态出发，经过 m 步转移后，矩阵的全部元素都等于 0，代表污染物经过在最多 m 个汇水单元进行迁移转化后，终将通过流域总出口流出研究区。使 $H^m=0$ 的最小整数 m 代表了河网中从源头到流域总出口的最长河段。

（2）步骤二：在流域上下游关系矩阵的基础上，进一步定义各汇水单元的污染物输出量以及污染物的河道迁移转化过程：

①污染物输出量矩阵：定义 $n×1$ 矩阵 $E=(e_1,e_2,\cdots,e_i,\cdots,e_n)^T$，其中 e_i 代表汇水单元 i 的污染输出量。为综合考虑不同污染源的影响，e_i 既考虑了各汇水单元随径流进入水体的污染负荷，同时也包含了该汇水单元河道贡献的污染负荷。

②河道滞留系数矩阵：定义 $n×n$ 矩阵，其中矩阵元素 r_{ii} 代表污染物在汇水单元 i 中的滞留比例：

$$R = \begin{pmatrix} r_1 & 0 & \cdots & 0 \\ 0 & r_2 & \cdots & 0 \\ \vdots & \vdots & \ddots & \vdots \\ 0 & 0 & \cdots & r_n \end{pmatrix} \qquad (4\text{-}7)$$

式中，滞留系数指污染物在河道中通过复杂的物理、化学和生物过程而减少的负荷量。为保证算法的一致性，在此假定如某污染物的负荷量在汇水单元 i 中有所增加，则将定义 r_{ii} 为 0，河道增加部分则计入 e_i。反之，则利用以下公式计算河道滞留系数：

$$r_i = (\text{Load}_{\text{in}} - \text{Load}_{\text{out}}) / \text{Load}_{\text{in}} \qquad (4\text{-}8)$$

式中： Load_{out}——汇水单元 i 出口断面的污染负荷量；

Load_{in}——汇水单元 i 入口断面的污染物负荷量，其数值等于上游汇水单元的负荷输入与汇水单元 i 的负荷输入量之和。

$$\text{Load}(i)_{\text{in}} = \text{sub}_i + \text{Load}(i-1)_{\text{out}} \qquad (4\text{-}9)$$

式中： $\text{Load}(i)_{\text{in}}$ 和 $\text{Load}(i-1)_{\text{out}}$——汇水单元 i 入口断面的负荷量和汇水单元 $i-1$ 出口断面的负荷量；

sub_i——汇水单元 i 的污染负荷输入量。在本章中，河道和汇水单元的相关数据可由流域水文模型中读取。

在此基础上，定义污染物在河网中的转移矩阵为：

$$\tilde{H} = H(I - R) \qquad (4\text{-}10)$$

式中： $\tilde{H}$——污染物转移矩阵，该矩阵综合考虑了流域河段的拓扑关系以及污染物的河道迁移过程。

（3）步骤三：为客观地反映河流水环境状况，本节引入评估点的概念。评估点是指能真实反映流域水环境特征的河流断面。考虑到水环境的特殊性和代表性，评估点一般可设置在流域内的水质监测站、取水口、重要支流出口、上下游关键节点或流域出口。至此，优先控制区识别被转换为计算各汇水单元对评估点的污染负荷贡献量。假设流域共有 m 个评估点，则评估点矩阵可计为：

$$K = (k_1, \cdots, k_i, \cdots, k_m) \qquad (4\text{-}11)$$

其中：

$$\tilde{H}_k(i,j) = \begin{cases} \tilde{H}_k(i,j), & if \quad i \neq k \\ 1, & if \quad i = j = k \\ 0, & if \quad i = k \quad 和 \quad j \neq k \end{cases} \qquad (4\text{-}12)$$

$$V_k(i) = \begin{cases} 1, & if \quad i = k \\ 0, & 其他 \end{cases} \qquad (4\text{-}13)$$

该判断矩阵的本质是，污染物输出量经过 n 步转移后达到了一个相对稳定的状态。利用上述公式，即可快速、准确地计算出各汇水单元 $W_1, W_2, \cdots, W_n$ 对不同评估点 $k_1, \cdots, k_2, \cdots, k_m$ 负荷的贡献率。

（4）步骤四：当汇水单元 i 内存在多个污染源时，可利用以下公式计算每个汇水单元对评估点 K_i 的负荷贡献量：

$$L = (\tilde{H}_k)^n V_k \cdot (E + P + D) \qquad (4\text{-}14)$$

式中：E，P 和 D 均为 $n \times 1$ 维矩阵；

$E = (e_1, e_2, \cdots, e_i, \cdots, e_n)^T$——各汇水单元的非点源污染负荷产生量；

$P = (p_1, p_2, \cdots, p_i, \cdots, p_n)^T$——各汇水单元的点源污染的输入量；

$D = (d_1, d_2, \cdots, d_i, \cdots d_n)^T$——各汇水单元的大气沉降的污染输入量。

其中不同汇水单元对评估点的污染负荷贡献量可用以下公式计算：

$$L = (\tilde{H}_k)^n V_k \cdot E \qquad (4\text{-}15)$$

4.1.3 方法特点

本方法的特点如下所示：

◆ 马尔科夫链模型充分考虑非点源污染的特性，突破了基于污染物产生量和排放量的传统优先控制区识别技术，根据其对评估点的污染贡献量对各汇水单元进行整体排序，这种基于污染物迁移转化过程的优先控制区识别是较为高效的；

◆ 基于马尔科夫链的贡献量计算，其方法简单易行，不需要很多的数据，能够解决流域上下游关系和污染物迁移过程问题，实现了河道过程的精细化模拟；从理论和实际应用来看，污染贡献量是污染物产生量和河道削减过程两方面的综合结果，马尔科夫链模型解决了河道过程数据较少、序列相对不完整以及可靠性较低等问题，从而有效地保证了优先控制区识别的准确度；

◆ 马尔科夫链模型的准确性直接影响了优先控制区识别结果的可靠性。当马尔科夫链是由一维水动力河道模型简化而得时，该方法更适合于相对简单的水体；而流域水环境是一个复杂的系统，各种源因子和迁移因子相互作用，导致非点源污染并非线性过程，这将使得马尔科夫链模型在复杂水体的模拟精度较低；

◆ 从具体技术来看，马尔科夫链模型采取了污染物的河道削减系数，这种系数只能考察各汇水单元对水环境评估点的污染负荷贡献；尤其当数据量较少时，转移矩阵不能真实地反映出变化趋势，另外状态矩阵随机性较强，并不具备污染物的预测功能；

◆ 马尔科夫链理论较为复杂，如何构建马尔科夫链模型并度量其预测精度则是另外一个需要解决的重要问题，未来的马尔科夫链模型构建需要与更多预测模型相耦合。

4.3 判定标准

根据马尔科夫链模型或者模型耦合方法均可量化各汇水单元的污染贡献量，贡献量的计算为优先控制区识别提供了前提和基础。首先根据污染负荷贡献量对各汇水单元进行整体排序，在此基础上按照特定方法（如样本均值-均方差法）将各汇水单元划分为低贡献量、中低贡献量、中等贡献量、中高贡献量和高贡献量单元，并结合评估点的水质状态划分优先控制区。

样本均值-均方差法的思路是计算各数字序列的样本均值和均方差，以样本均值 $\overline{X}$ 为中心，以 S 为均方差将数据序列分为以下五组：$(-\infty, \overline{X} - S)$、$(\overline{X} - S, \overline{X} - 0.5S)$、$(\overline{X} - 0.5S, \overline{X} + 0.5S)$、$(\overline{X} + 0.5S, \overline{X} + S)$ 和 $(\overline{X} + S, +\infty)$，分别代表污染从轻到重的五个级别。

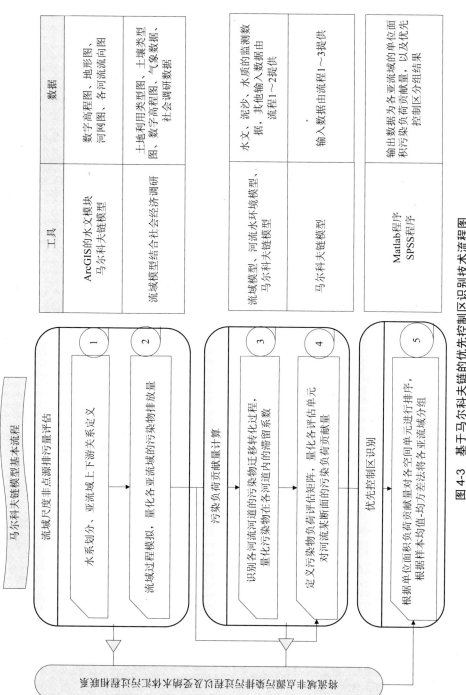

图 4-3 基于马尔科夫链的优先控制区识别技术流程图

4.4　案例研究

本章选择大宁河流域（巫溪段）作为案例研究区，研究区概况和分布式水文模型 SWAT 已在第 3 章进行了详细介绍，在此略过。本章拟借鉴概率论中的马尔科夫链理论，将非点源污染概化为矩阵运算，以快速、准确地计算出不同汇水单元对流域水环境的污染贡献。关于基于模型耦合的贡献量计算研究可见陈磊（2008）。为了方便对比，将各亚流域定义为流域基本汇水单元。关于马尔科夫链模型的介绍可参考 Chen et al.（2014）或陈磊（2013）。

4.4.1　方法准备

（1）亚流域定义

在流域水系划分过程中，SWAT 模型是通过定义最小集水区的面积来确定亚流域数目的。最小集水区面积定义越大，划分的亚流域数目越少，河网越稀疏。研究表明，亚流域的划分方案会影响模拟结果精度，但存在阈值效应，即亚流域数目超过一定阈值时，将不会对模拟结果产生影响。考虑到研究需要和模拟效率，本章将最小集水区面积阈值设置为 1 500 hm^2，最终研究区被划分为 80 个亚流域，各亚流域面积如表 4-3 所示。其中巫溪县水质监测站位于 67 号亚流域出口，因此本章选择 67 号亚流域出口的水文、泥沙、营养盐的数据对模型进行率定验证。

表 4-3　大宁河流域亚流域面积统计

亚流域编号	面积/km^2	占全流域比例/%	亚流域编号	面积/km^2	占全流域比例/%
1	17.149	0.71	41	81.659	3.37
2	0.200	0.01	42	19.087	0.79
3	21.553	0.89	43	26.313	1.09
4	32.723	1.35	44	25.541	1.05
5	21.865	0.90	45	22.905	0.95
6	10.702	0.44	46	47.406	1.96
7	21.427	0.88	47	83.181	3.43
8	26.878	1.11	48	23.276	0.96

亚流域编号	面积/km²	占全流域比例/%	亚流域编号	面积/km²	占全流域比例/%
9	24.434	1.01	49	110.3	4.55
10	22.526	0.93	50	31.193	1.29
11	35.099	1.45	51	27.257	1.12
12	12.641	0.52	52	23.655	0.98
13	36.251	1.50	53	26.098	1.08
14	1.388	0.06	54	31.995	1.32
15	19.704	0.81	55	50.644	2.09
16	83.478	3.44	56	3.966	0.16
17	71.989	2.97	57	23.046	0.95
18	42.764	1.76	58	4.471	0.18
19	43.937	1.81	59	0.022	0.00
20	8.466	0.35	60	26.752	1.10
21	1.463	0.06	61	19.585	0.81
22	21.538	0.89	62	62.386	2.57
23	1.477 9	0.06	63	9.669	0.40
24	25.541	1.05	64	32.047	1.32
25	16.421	0.68	65	46.745	1.93
26	6.825 3	0.28	66	64.844	2.68
27	27.851	1.15	67	18.731	0.77
28	65.921	2.72	68	93.779	3.87
29	6.491	0.27	69	16.302	0.67
30	79.557	3.28	70	37.127	1.53
31	49.121	2.03	71	1.076	0.04
32	29.849	1.23	72	70.481	2.91
33	3.312 4	0.14	73	8.191	0.34
34	4.968 6	0.20	74	31.869	1.31
35	70.89	2.92	75	6.587	0.27
36	25.14	1.04	76	0.311	0.01
37	28.23	1.16	77	0.356	0.01
38	16.384	0.68	78	20.58	0.85
39	15.359	0.63	79	78.688	3.25
40	18.24	0.75	80	45.861	1.89

（2）上下游关系构建

将各亚流域设置为离散的状态变量，用图 4-4 进一步表征大宁河流域的上下游拓扑关系。

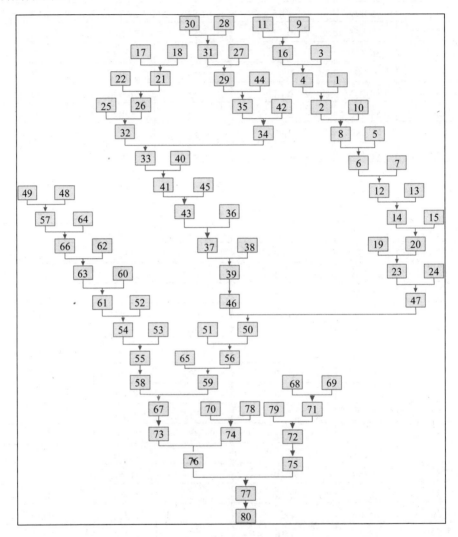

图 4-4　上下游关系矩阵

（3）上下游矩阵定义

根据定义一构建研究区的亚流域拓扑关系矩阵，以柏杨河支流为例，其亚流域的上下游拓扑关系矩阵如下所示：

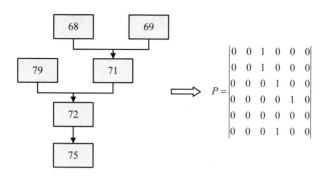

图4-5　柏杨河亚流域拓扑关系矩阵

（4）评估点定义

自此各亚流域的上下游关系已被处理为$n \times n$的H矩阵。一般而言，评估点是流域中最能够代表水环境状况的河流断面，由于国内所设置的水质监测断面一般都有一定的系统性和实用性，因此本章选择巫溪水质监测站作为评估点。巫溪县水质监测站位于大宁河干流，对应67号亚流域的出口断面。在本章中选择典型丰水年（2003年）作为基准评估年，评估指标为总磷。

（5）模型构建

为提高模拟速度，本章开发了基于Matlab2012a的流域马尔科夫链程序，其主体界面如下所示：

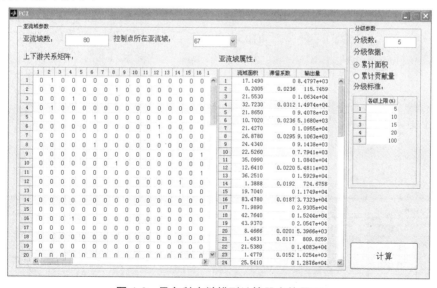

图4-6　马尔科夫链模型计算器主体界面

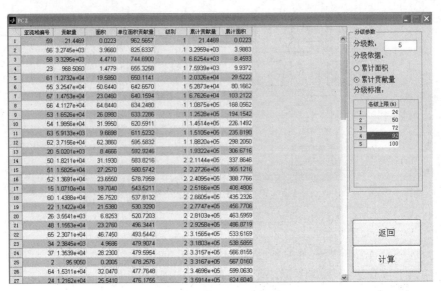

图 4-7　马尔科夫链模型计算器结果输出界面

4.4.2　结果分析

表 4-4 中列出了不同亚流域对巫溪水文站评估点的总磷污染负荷贡献量,其中亚流域排名是基于对巫溪水文站总磷负荷的贡献量大小。由表 4-4 可以看出,不同亚流域对评估点的总磷负荷贡献量差异非常显著,其数值介于 0~44 653 kg,平均值和标准差分别为 10 970 kg 和 10 701 kg,这主要和不同亚流域的微地貌、土壤、植被、降雨以及土地资源配置、耕作方式、土壤侵蚀、化肥投放量等因素有关。68~80 号亚流域对巫溪水文站评估点并没有负荷贡献量,原因是这些亚流域位于巫溪水文站评估点下游,因而这些亚流域产生的污染物无法汇入该评估点,这也在一定程度上验证了马尔科夫链方法的合理性。

表 4-4　各亚流域对评估点的负荷贡献量

亚流域	负荷/kg	累积负荷/%	累积面积/%	亚流域	负荷/kg	累积负荷/%	累积面积/%
49	44 653	5.09	4.55	27	8 337	86.78	70.83
66	41 127	9.77	7.23	3	8 335	87.73	71.72
47	39 058	14.23	10.66	5	8 032	88.65	72.62
62	37 156	18.46	13.23	8	7 775	89.54	73.73

亚流域	负荷/kg	累积负荷/%	累积面积/%	亚流域	负荷/kg	累积负荷/%	累积面积/%
55	32 547	22.17	15.32	40	7 148	90.35	74.48
30	30 960	25.70	18.60	9	7 034	91.15	75.49
41	29 381	29.04	21.97	1	6 861	91.93	76.19
16	29 256	32.38	25.42	42	6 640	92.69	76.98
35	28 870	35.67	28.34	10	6 458	93.43	77.91
17	23 491	38.34	31.31	38	6 263	94.14	78.59
65	23 071	40.97	33.24	25	6 073	94.83	79.26
46	20 908	43.36	35.20	39	5 943	95.51	79.90
54	19 856	45.62	36.52	63	5 913	96.18	80.30
19	19 113	47.80	38.33	20	5 020	96.75	80.65
50	18 211	49.87	39.62	12	4 900	97.31	81.17
28	17 120	51.82	42.34	6	4 519	97.83	81.61
53	16 526	53.71	43.41	26	3 554	98.23	81.89
31	15 942	55.52	45.44	58	3 330	98.61	82.08
51	15 825	57.33	46.57	56	3 275	98.99	82.24
64	15 311	59.07	47.89	29	2 895	99.32	82.51
57	14 753	60.75	48.84	34	2 385	99.59	82.71
60	14 388	62.39	49.94	33	1 223	99.73	82.85
13	14 241	64.01	51.44	23	969	99.84	82.91
52	13 691	65.57	52.41	14	661	99.91	82.97
37	13 539	67.12	53.58	21	657	99.99	83.03
61	12 732	68.57	54.39	2	96	100.00	83.04
32	12 685	70.01	55.62	59	21	100.00	83.04
18	12 219	71.41	57.38	68	0	100.00	86.91
43	12 214	72.80	58.47	69	0	100.00	87.58
24	12 162	74.18	59.52	70	0	100.00	89.11
4	12 115	75.56	60.87	71	0	100.00	89.16
48	11 553	76.88	61.83	72	0	100.00	92.06
22	11 422	78.18	62.72	73	0	100.00	92.40
15	10 710	79.40	63.53	74	0	100.00	93.71
45	10 471	80.59	64.48	75	0	100.00	93.99
44	10 318	81.77	65.53	76	0	100.00	94.00
7	9 579	82.86	66.42	77	0	100.00	94.01
36	9 259	83.92	67.45	78	0	100.00	94.86
67	8 485	84.88	68.23	79	0	100.00	98.11
11	8 338	85.83	69.68	80	0	100.00	100.00

图 4-8 中进一步分析了不同亚流域对评估点的累计负荷和累计面积。其中，横坐标为亚流域编号，各亚流域从左向右按贡献量大小依次排序，纵坐标代表不同亚流域的负荷量，两各曲线分别为累积面积百分比曲线和累积负荷量百分比曲线。可以看出，当累积负荷小于 30% 时，累积负荷量百分比曲线的曲率较大；当累积负荷介于 30%~90% 时，累积负荷量百分比曲线的曲率逐渐变小，而当累积负荷接近 100% 时，曲线的曲率几乎保持不变。累积面积百分比曲线初始阶段变化较为剧烈，但后期的变化速度逐渐变缓，这表明初始阶段亚流域面积的增加对负荷累积作用比后期明显。累积面积百分比曲线与累积负荷量百分比曲线的变化趋势总体上保持一致，这证明汇水面积是污染物贡献量大小的关键影响因素。所有亚流域中，负荷贡献量最大是 49 号亚流域，其贡献率占流域总负荷的 5.09%；该亚流域的面积在所有亚流域也是最大的（表 4-3），占流域总面积的 4.55%。当亚流域累积面积达到 39.62% 时，对评估点的总磷累积负荷贡献量达到 50%；总的来看，83.3% 的流域面积贡献了 100% 的总磷负荷。在此基础上，可将排名较高的亚流域定义为优先控制区。

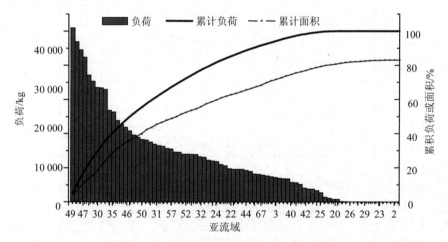

图 4-8　不同亚流域对评估点的负荷贡献量

4.4.3　与传统方法的对比

为了进一步验证本方法的合理性，本章将基于马氏链的贡献量计算结果与传统识别方法进行了对比。本章考虑的传统优先控制区识别方法包括：①亚流域输出浓度（各亚流域出口断面的污染物浓度）；②亚流域输出负荷量（各亚流域出口断面的污染物负荷）；③负荷产生量；④单位面积负荷产生量（Giri et al.，2012）。其中，各亚流域的产生量与出口断面输出量均采用 SWAT 模型和 QUAL 模型模拟获得，并根据不同优先控制区识别方法，获得各亚流域的整体排序；在此基础上，采用样本均值-均方差法对各数据序列进行了分组。

（1）输出浓度法

如图 4-5 所示，各亚流域出口的总磷模拟浓度值介于 0.02～1.44 mg/L，平均值为 0.42 mg/L，标准差 0.19 mg/L。按均值-均方差法将各亚流域分为五组：低浓度（0.02～0.326 mg/L）、中低浓度（0.23～0.32 mg/L）、中等浓度（0.32～0.51 mg/L）、中高浓度（0.51～0.60 mg/L）和高浓度（大于 0.60 mg/L）。各组的亚流域个数分别占亚流域总个数的 5.00%、10.00%、56.25%、28.75%和 0.00%（由高浓度到低浓度）。

表 4-5　基于输出浓度的亚流域排序

亚流域	浓度/（mg/L）	分级结果	亚流域	浓度/（mg/L）	分级结果
1	0.41	3	41	0.32	4
2	0.33	3	42	0.34	3
3	0.41	3	43	0.32	4
4	0.33	3	44	0.39	3
5	0.35	3	45	0.40	3
6	0.31	4	46	0.32	4
7	0.42	3	47	0.33	3
8	0.31	4	48	0.46	3
9	0.31	4	49	0.38	3
10	0.29	4	50	0.32	4
11	0.26	4	51	0.49	3
12	0.31	4	52	0.48	3
13	0.35	3	53	0.51	2
14	0.31	4	54	0.45	3
15	0.48	3	55	0.45	3
16	0.33	4	56	0.33	4
17	0.34	3	57	0.41	3
18	0.29	4	58	0.45	3
19	0.39	3	59	0.33	4
20	0.32	4	60	0.46	3
21	0.32	4	61	0.44	3
22	0.54	2	62	0.52	2
23	0.32	4	63	0.45	3
24	0.43	3	64	0.44	3

亚流域	浓度/（mg/L）	分级结果	亚流域	浓度/（mg/L）	分级结果
25	0.36	3	65	0.41	3
26	0.35	3	66	0.44	3
27	0.31	4	67	0.35	3
28	0.28	4	68	0.62	1
29	0.33	4	69	0.54	2
30	0.41	3	70	1.17	1
31	0.34	3	71	0.59	2
32	0.34	3	72	0.55	2
33	0.34	3	73	0.35	3
34	0.33	3	74	1.13	1
35	0.34	3	75	0.55	2
36	0.33	3	76	0.38	3
37	0.32	4	77	0.40	3
38	0.34	3	78	1.44	1
39	0.32	4	79	0.57	2
40	0.37	3	80	0.40	3

如附录 B 图 B-23 可知，大部分亚流域被识别为中等浓度或中低浓度，只有 68 号、70 号、74 号和 78 号被识别为高浓度亚流域。从空间分布来看，高浓度和中高浓度的亚流域主要集中于柏杨河流域，这与基于排放量的识别结果相类似（第 3 章）。这可能出于以下三个原因：首先该区域是黄壤土的主要分布区，相对于其他土壤类型，黄壤土的氮磷背景值处于较高水平；其次柏杨河流域的旱田比例较大，长期人为施肥的影响也造成该区域磷输出强度较大；再次与东溪河、西溪河、后溪河等其他支流相比，柏杨河流域坡度较缓，大部分亚流域坡度都在 25° 以下，因此该区域产流量也较低。

（2）输出负荷法

根据表 4-6 计算结果，各亚流域出口的总磷负荷介于 6 659～1 156 420 kg，平均值为 160 416 kg，均方根为 251 193 kg。以样本均值-均方差方法将各亚流域分为四组：中低负荷亚流域（0～34 819 kg）、中等负荷亚流域（34 819～286 013 kg）、中高负荷亚流域（286 013～411 610 kg）和高负荷亚流域（大于 411 610 kg）。相对于亚流域出口浓度法，亚流域出口负荷法识别出的高负荷亚流域较多，其中包含了 50、56、59、67、73、76、77 和 80 等 8 个亚流域。各组的亚流域个数分别占亚流域总个数的 10.00%、3.75%、45.00%、41.25% 和 0.00%（由高负荷到低负荷）。

表 4-6　基于输出负荷的亚流域排序

亚流域	负荷/kg	分级结果	亚流域	负荷/kg	分级结果
1	8 480	4	41	250 560	3
2	85 820	3	42	7 757	4
3	10 634	4	43	270 650	3
4	79 300	3	44	12 400	4
5	9 407	4	45	11 505	4
6	111 570	3	46	316 600	2
7	10 956	4	47	220 230	3
8	99 690	3	48	13 516	4
9	9 144	4	49	50 720	3
10	7 795	4	50	549 030	1
11	10 841	4	51	16 188	4
12	125 190	3	52	14 170	4
13	15 926	4	53	16 719	4
14	139 130	3	54	234 190	3
15	11 750	4	55	279 230	3
16	56 240	3	56	563 510	1
17	29 311	4	57	78 440	3
18	15 246	4	58	279 280	3
19	20 549	4	59	583 030	1
20	153 140	3	60	15 315	4
21	44 840	3	61	203 420	3
22	14 085	4	62	39 780	3
23	172 120	3	63	178 760	3
24	12 872	4	64	17 387	4
25	7 202	4	65	23 392	4
26	60 710	3	66	136 920	3
27	10 324	4	67	864 750	1
28	21 573	4	68	67 300	3
29	89 030	3	69	10 734	4
30	37 960	3	70	44 340	3
31	77 940	3	71	76 320	3
32	79 290	3	72	171 720	3
33	215 410	3	73	865 590	1
34	138 540	3	74	103 380	3
35	131 310	3	75	173 490	3
36	10 002	4	76	964 410	1
37	290 510	2	77	1 131 890	1
38	6 659	4	78	28 075	4
39	299 190	2	79	54 490	3
40	8 017	4	80	1 156 420	1

从附录 B 图 B-24 可以看出,高负荷亚流域主要分布在大宁河干流的下游区域,而中高负荷亚流域则集中在西溪河的流域出口。主要原因是由于上下游关系,各亚流域出口负荷不仅包含本亚流域的污染物产生量,还包含了上游来水的污染负荷累积量。相对于其他支流,西溪河汇水面积最大,流域出口流量也最大,因此由西溪河汇入大宁河干流的总磷负荷远远大于其他支流。应用亚流域输出负荷法,识别出的高负荷亚流域主要集中在流域干流的中下游。进一步对泥沙、总氮的高负荷亚流域进行综合对比,结果表明不同污染物的高负荷亚流域分布非常类似。相对而言,总氮的高负荷亚流域更靠近大宁河的流域出口,可能原因是大宁河流域出口附近人为活动较为密集,因而产生了更多的氮污染物。

（3）负荷产生量法

各亚流域的负荷产生量,由单位面积输出强度与亚流域面积相乘而得。由表 4-7 可知,各亚流域的总磷产生量差异显著,其数值介于 22～67 895 kg,平均值为 16 113 kg,均方根为 14 711 kg。根据样本均值-均方差分组法,低负荷输出、中低负荷输出、中等负荷输出、中高负荷输出和高负荷输出亚流域的划分标准分别为:小于 1 401 kg、1 401～8 757 kg、8 757～23 469 kg、23 469～30 824 kg 和大于 30 824 kg。按照面上负荷法,各组亚流域个数分别占亚流域总个数的 17.50%、3.75%、38.75%、28.75%和 11.25%（产生量由高到低）。

由附录 B 图 B-25 可知,更多的亚流域被识别为高负荷产生亚流域,其中包括编号为 68、79、49、72、70、66、62、47、30、16、74、35、55 和 41 的亚流域,累计面积占研究区流域总面积的 41%,而 80 号、78 号和 17 号亚流域则被识别为中高负荷输出亚流域。对比前两种方法可以看出,亚流域负荷产生量法对高负荷产生亚流域和低负荷产生亚流域识别能力更强。从空间分布来看,各分组的亚流域分布更为均匀,其中高负荷产生亚流域主要集中于各支流的源头和汇水面积较大的亚流域。而那些汇水面积较小的亚流域则被识别为低负荷和中低负荷亚流域,尤其是所有亚流域中面积最小的 50 号亚流域的负荷产生量也是最低的。

（4）单位面积产生量法

由表 4-8 可知,各亚流域单位面积产生量介于 275～1 419 kg/hm^2,平均值和均方根分别为 565 kg/hm^2 和 231 kg/hm^2,各亚流域之间的差异是四种传统方法中最小的。按样本均值-均方差分组法,低、中低、中等、中高、高单位面积负荷亚流域的划分依据分别为:小于 334 kg/hm^2、334～450 kg/hm^2、450～681 kg/hm^2、681～797 kg/hm^2 和大于 797 kg/hm^2。各组的亚流域个数分别占亚流域总数的 10.00%、8.75%、47.50%、23.75%和 10.00%（由高到低）。

表 4-7　基于负荷产生量的亚流域排序

亚流域	负荷/kg	分级结果	亚流域	负荷/kg	分级结果
1	6 690	4	41	32 280	1
2	116	5	42	6 728	4
3	8 807	3	43	13 193	3
4	14 974	3	44	10 955	3
5	7 900	4	45	10 330	3
6	5 168	4	46	21 631	3
7	8 785	3	47	40 409	1
8	9 106	3	48	13 547	3
9	7 543	4	49	52 359	1
10	6 208	4	50	18 625	3
11	9 912	3	51	15 678	3
12	5 481	4	52	14 437	3
13	14 352	3	53	17 131	3
14	725	5	54	20 582	3
15	9 637	3	55	33 162	1
16	37 323	1	56	3 320	4
17	28 745	2	57	16 754	3
18	13 471	3	58	3 353	4
19	19 319	3	59	22	5
20	5 397	4	60	15 479	3
21	810	5	61	13 426	3
22	13 847	3	62	40 938	1
23	1 025	5	63	6 362	4
24	11 450	3	64	17 065	3
25	5 521	4	65	23 073	3
26	4 214	4	66	45 313	1
27	8 637	4	67	8 485	4
28	21 431	3	68	67 896	1
29	3 479	4	69	10 468	3
30	38 999	1	70	45 384	1
31	19 742	3	71	599	5
32	14 474	3	72	46 616	1
33	1 372	5	73	5 006	4
34	2 721	4	74	34 712	1
35	33 715	1	75	5 813	4
36	8 186	4	76	426	5
37	14 397	3	77	443	5
38	5 141	4	78	29 222	2
39	6 231	4	79	55 593	1
40	7 063	4	80	30 135	2

表 4-8 基于单位面积负荷产生量法的亚流域排序

亚流域	负荷/（kg/hm^2）	分级结果	亚流域	负荷/（kg/hm^2）	分级结果
1	390.1	4	41	395.3	4
2	577.2	3	42	352.5	4
3	408.6	4	43	501.4	3
4	457.6	3	44	428.9	4
5	361.3	4	45	451	3
6	482.9	3	46	456.3	3
7	410	4	47	485.8	3
8	338.8	4	48	582	3
9	308.7	5	49	474.7	3
10	275.6	5	50	597.1	3
11	282.4	5	51	575.2	3
12	433.6	4	52	610.3	3
13	395.9	4	53	656.4	3
14	521.8	3	54	643.3	3
15	489.1	3	55	654.8	3
16	447.1	4	56	837	1
17	399.3	4	57	727	2
18	315	5	58	749.9	2
19	439.7	4	59	969.3	1
20	637.4	3	60	578.6	3
21	553.5	3	61	685.5	2
22	642.9	3	62	656.2	3
23	693.8	2	63	657.9	3
24	448.3	4	64	532.5	3
25	336.2	4	65	493.6	3
26	617.4	3	66	698.8	2
27	310.1	5	67	453	3
28	325.1	5	68	724	2
29	536	3	69	642.1	3
30	490.2	3	70	1 222.4	1
31	401.9	4	71	556.5	3
32	484.9	3	72	661.4	3
33	414.2	4	73	611.1	3
34	547.6	3	74	1 089.2	1
35	475.6	3	75	882.4	1
36	325.6	5	76	1 366.1	1
37	510	3	77	1 243.6	1
38	313.8	5	78	1 419.9	1
39	405.7	4	79	706.5	2
40	387.2	4	80	657.1	3

如附录 B 图 B-26 所示，单位面积负荷产生量法识别出的高等级和低等级亚流域都较少，这表明面积平均的处理方式可能会将众多影响因素的空间变异性掩盖掉。从空间分布来看，高等级的亚流域主要分布在柏杨河流域和巫溪县城附近。分析发现巫溪县城周围农田更为密集，一般而言，农田的单位面积污染要高于其他土地利用类型。值得注意的是，59 号亚流域的负荷产生量是所有亚流域中最小的，但其单位面积负荷产生量则在全部亚流域中排名第二。

（5）不同方法的对比

根据马尔科夫链法，各亚流域的贡献量介于 0～44 653 kg，平均值和均方根分别为 10 969 kg 和 10 633 kg。按照样本均值-均方差分组法，低贡献量亚流域划分依据为小于 335 kg，中低贡献量、中等贡献量和中高贡献量亚流域分别为 335～5 652 kg、5 652～16 286 kg 和 16 286～21 603 kg，高贡献量亚流域为大于21 603 kg。

结合附录 B 图 B-27 可知，对评估点贡献较大的亚流域可以分为两大类：一类是靠近评估点的亚流域，如表 4-9 中的 55 号和 65 号亚流域，这些亚流域距离评估点较近，因此来自于这些亚流域的污染物更容易迁移到评估点；另一大类是那些靠近水系源头的亚流域，这些源头亚流域汇流区域大且坡度较陡，因此污染物的产生量一般较大。由此可见，基于马尔科夫链的贡献量计算综合考虑了源因子和迁移因子，基于此种方法的亚流域排名是基于污染源的污染物产生量和河道削减过程两方面因素的综合结果。

表 4-9 基于马尔科夫链法的亚流域排序

亚流域	负荷/kg	分级结果	亚流域	负荷/kg	分级结果
1	$6.86×10^3$	3	41	$2.94×10^4$	1
2	95.905	5	42	$6.64×10^3$	3
3	$8.34×10^3$	3	43	$1.22×10^4$	3
4	$1.21×10^4$	3	44	$1.03×10^4$	3
5	$8.03×10^3$	3	45	$1.05×10^4$	3
6	$4.52×10^3$	4	46	$2.09×10^4$	2
7	$9.58×10^3$	3	47	$3.91×10^4$	1
8	$7.77×10^3$	3	48	$1.16×10^4$	3
9	$7.03×10^3$	3	49	$4.47×10^4$	1
10	$6.46×10^3$	3	50	$1.82×10^4$	2
11	$8.34×10^3$	3	51	$1.58×10^4$	3

亚流域	负荷/kg	分级结果	亚流域	负荷/kg	分级结果
12	4.90×10^3	4	52	1.37×10^4	3
13	1.42×10^4	3	53	1.65×10^4	2
14	660.566 3	4	54	1.99×10^4	2
15	1.07×10^4	3	55	3.25×10^4	1
16	2.93×10^4	1	56	3.27×10^3	4
17	2.35×10^4	1	57	1.48×10^4	3
18	1.22×10^4	3	58	3.33×10^3	4
19	1.91×10^4	2	59	21.446 9	5
20	5.02×10^3	4	60	1.44×10^4	3
21	656.831 5	4	61	1.27×10^4	3
22	1.14×10^4	3	62	3.72×10^4	1
23	968.506	4	63	5.91×10^3	3
24	1.22×10^4	3	64	1.53×10^4	3
25	6.07×10^3	3	65	2.31×10^4	1
26	3.55×10^3	4	66	4.11×10^4	1
27	8.34×10^3	3	67	8.49×10^3	3
28	1.71×10^4	2	68	0	5
29	2.90×10^3	4	69	0	5
30	3.10×10^4	1	70	0	5
31	1.59×10^4	3	71	0	5
32	1.27×10^4	3	72	0	5
33	1.22×10^3	4	73	0	5
34	2.38×10^3	4	74	0	5
35	2.89×10^4	1	75	0	5
36	9.26×10^3	3	76	0	5
37	1.35×10^4	3	77	0	5
38	6.26×10^3	3	78	0	5
39	5.94×10^3	3	79	0	5
40	7.15×10^3	3	80	0	5

从不同方法的识别结果来看，贡献量法与负荷产生量法（类似于第 2 章）的识别结果较为类似，那些面积较大的亚流域均被识别为高负荷亚流域，这说明相对于汇水区面积，河道过程对贡献量变化影响不大，这与研究区总磷的河道滞留

系数较低是一致的（见第 3 章）。可能原因是大宁河流量大，流速较快，因此这些源头亚流域产生的污染物在河道中的迁移也较快。但必须指出的是，利用这种方法进行分组具有较大的主观性，因为亚流域面积的划分非常依赖数字高程模型的精度以及最小集水区面积阈值（Chen et al.，2014）。相对而言，亚流域输出浓度法识别出的高污染区域更多集中在污染物产生量大但径流量较小、坡度较缓的支流区域；而输出负荷法识别出的高负荷亚流域主要集中在流域干流的中下游。由于这两种方案忽略了上下游关系，因此对于全流域而言，基于这两种方法的优先控制区识别通常难以生成一个高效的非点源污染削减方案。单位面积负荷产生量的识别结果与汇水区内的农田比例呈现很高的相关性，这更有利于对次级污染源的考虑，因此能显著地提高流域非点源污染控制的效率。由此可见，利用单位面积负荷产生量对亚流域进行排名是一个很好的思路，这也为下一章的优先控制区分级提供了一个方向。但单位面积负荷产生量法的缺点在于，该方法是基于不同亚流域的河道过程是一致这个基本假设，这种线性关系的假设并没有考虑不同河段的水环境容量，因此可能基于该方法的优先控制区污染控制很难达到预期的水环境目标（Miller et al.，2013）。基于马尔科夫链的贡献量计算为优先控制区识别提供了前提和基础，从而使非点源污染控制有的放矢。

4.5 本章小节

本章在引入水环境评估点的基础上，构建了基于耦合模型和马尔科夫链的负荷贡献量计算方法，引入了流域上下游关系和污染物的河道迁移过程，最终形成了基于贡献量的优先控制区识别方法。本方法突破了传统方法的局限性，属于基于污染排放量识别方法（第 3 章）的深入，更符合非点源污染的特征和流域水环境管理的需要，从而为优先控制区识别提供了新的思路。

案例研究结果表明，各汇水单元对水环境的污染负荷贡献量差异显著，贡献量大小主要取决于各污染源的负荷输出量和各汇水单元与评估点的距离。相对于传统方法而言，新方法对于高等级和低等级优先控制区的识别能力更强。由于考虑了上下游关系，基于污染贡献量的优先控制区识别结果将有助于形成更为高效的非点源污染削减方案。

参考文献

[1]   陈磊. SWAT 模型与 QUAL 模型的结合研究[D]. 北京：北京师范大学，2008.

[2]   陈磊. 非点源污染多级优先控制区构建与最佳管理措施优选[D]. 北京：北京师范大学，2013.

[3]   李丹，薛联青，郝振纯. 基于 SWAT 模型的流域面源污染模拟影响分析[J]. 环境污染与防治，2008，30（3）：4-7.

[4]   孟凡德. 基于潮河流域非点源污染分布特征的 BMPs 优化配置研究[D]. 北京：首都师范大学，2013.

[5]   欧洋. 基于 GIS 的流域非点源污染关键源区识别与控制[D]. 北京：首都师范大学，2008.

[6]   王慧亮，孙志琢，李叙勇，等. 非点源污染负荷模型的比较与选择[J]. 环境科学与技术，2013，5：176-182.

[7]   Caruso B S. Risk-based targeting of diffuse contaminant sources at variable spatial scales in a New Zealand high country catchment[J]. Journal of Environmental Management, 2001, 63（3）: 249-268.

[8]   Chen L，Zhong Y，Wei G，et al. Development of an integrated modeling approach for identifying multilevel non-point-source priority management areas at the watershed scale[J]. Water Resources Research，2014.

[9]   Debele B，Srinivasan R，Parlange J Y. Coupling upland watershed and downstream waterbody hydrodynamic and water quality models（SWAT and CE-QUAL-W2）for better water resources management in complex river basins[J]. Environmental Modeling & Assessment，2008，13（1）: 135-153.

[10]   Giri S，Nejadhashemi A P，Woznicki S A. Evaluation of targeting methods for implementation of best management practices in the Saginaw River Watershed[J]. Journal of Environmental Management，2012，103：24-40.

[11]   Grimvall A，Stalnacke P. Statistical methods for source apportionment of riverine loads of pollutants[J]. Environmetrics，1996，7（2）：201-213.

[12]   Grizzetti B，Bouraoui F，De Marsily G，et al. A statistical method for source apportionment of riverine nitrogen loads[J]. Journal of Hydrology，2005，304（1）：302-315.

[13]   Kang S，Lin H，Gburek W J，et al. Baseflow nitrate in relation to stream order and agricultural land use[J]. Journal of Environmental Quality，2008，37（3）：808-816.

[14]   Khadam I M，Kaluarachchi J J. Water quality modeling under hydrologic variability and

parameter uncertainty using erosion-scaled export coefficients[J]. Journal of Hydrology，2006，330（1）：354-367.

[15] Liu Z J，Weller D E. A stream network model for integrated watershed modeling[J]. Environmental Modeling & Assessment，2008，13（2）：291-303.

[16] Miller J R，Mackin G，Lechler P，et al. Influence of basin connectivity on sediment source，transport，and storage within the Mkabela Basin，South Africa[J]. Hydrology and Earth System Sciences，2013，17（2）：761-781.

[17] Munafo M，Cecchi G，Baiocco F，et al. River pollution from non-point sources: a new simplified method of assessment[J]. Journal of Environmental Management，2005，77（2）：93-98.

[18] Narasimhan B，Srinivasan R，Bednarz S T，et al. A comprehensive modeling approach for reservoir water quality assessment and management due to point and nonpoint source pollution[J]. Trans. ASABE，2010，53（5）：1605-1617.

[19] Yeghiazarian L L，Walker M J，Binning P，et al. A combined microscopic and macroscopic approach to modeling the transport of pathogenic microorganisms from nonpoint sources of pollution[J]. Water Resources Research，2006，42（9）.

5

优先控制区识别的新方法

受降雨、人类活动等因素的影响，流域非点源污染的发生具有典型的周期性和地域性，其产生、迁移过程通常具有一定的随机性和不确定性。传统的优先控制区识别方法往往将特定年份的产污量、排污量或者贡献量（或者多年平均值）作为优先控制区的基本评判标准（Giri et al.，2012）。这种处理方式更多体现的是流域非点源污染发生和影响的特定（或平均）状态，缺少了不同汇水单元的污染排放和流域水环境演变的动态联系，从而导致基于传统优先控制区的非点源污染控制往往达不到预期效果。尤其是对于大中尺度流域而言，当降雨、人类活动等因素在流域内的时空变异性较大时，传统优先控制区的相关理论和技术方法在实际的流域管理中显然会受到较大的限制（Kovacs et al.，2012）。本章借鉴了水环境风险管理和流域污染总量控制的相关理论，从全新的角度探讨了不同尺度上污染源排放、污染物迁移和流域水环境演变的动态联系，进而构建了基于河流水质达标保证率的多级优先控制区识别方法，为优先控制区识别提供了新的思路。

一个完整的流域可能存在着多个河段，或者是由不同水系组成，上游河段和水系的健康状态会对下游水环境造成较大影响。在优先控制区识别过程中，强调多个评估点的上下游关系并考虑各汇水单元对评估点的影响，有助于生成高效的非点源污染物削减方案（Miller et al.，2013）。同时，不同的污染物对流域水环境的影响也往往不同，如何客观、快速地找出对多种污染物输出都起到关键作用的汇水单元是至关重要的（Huang et al.，2010）。为了更全面、准确地反映流域真实情况，本章将探讨多评估点存在时以及多污染物情景的优先控制区识别方法，进而形成一套相对完整、系统的优先控制区识别方法体系。

5.1 多级优先控制区识别方法

流域水环境健康是河流实现某一水体功能的前提和保证。通常，受纳水体的水环境状态与其上游各汇水单元的污染贡献量是密切相关的，是流域内各种污染源因子和迁移转化因子综合作用的结果，因而评估点的水环境状态往往决定了流域尺度非点源污染负荷的目标削减量。受降雨、人类活动等因素的影响，非点源污染的时空分布变异显著，只有站在流域整体的高度上综合考虑非点源污染的空间异质性和时间差异性，并结合水环境演变的趋势，才能更为准确地识别流域内的非点源污染优先控制区。

多级优先控制区指的是依据各汇水单元对评估点水环境健康的影响，将其划分为若干级别，以分别对应不同的水环境达标保证率（流域水环境目标）。与传统方法不同，多级优先控制区综合考虑了污染源排放、污染物迁移和流域水环境之间的相互响应关系，以量化各汇水单元在多年内对评估点的污染负荷贡献量，构建累积贡献量与河流水环境状态的动态联系，最终提出基于水质达标率的多级优先控制区识别技术。

5.1.1　基本原理

多级优先控制区划分的前提是评估周期和级别数目的选择，关键技术是构建污染源贡献量和水环境状态的动态联系。

（1）评估周期选择

揭示非点源污染的时空变化规律是多级优先控制区划分的基础和前提。受区域气候条件、地理条件、土地利用方式、土壤结构、土壤条件、植被覆盖和人类活动的影响，各汇水单元的污染物贡献量和水环境状态均呈现出一定的变化特征及规律。因此，在优先控制区识别过程中，首先应对降雨等影响因素的特征进行系统的统计分析，明确其变化规律，从而确定合理的评估周期（Strauss et al., 2007）。在此基础上，应采用统计分析方法（如灰色统计）对特定评估周期内，各汇水单元的污染负荷贡献量和流域水环境变化规律进行分析。

（2）多年污染贡献量计算

多级优先控制区的核心技术是计算出流域内具有水文关联的汇水单元对水环境演变的影响（Gardner et al., 2011）。在特定的评估周期内，可利用马尔科夫链模型评估非点源污染物在流域内的产生、迁移过程。马尔科夫分析法是一种分析随机事件发展变化趋势的技术方法，空间马尔科夫链是利用某一单元当前状态去预测紧邻汇水单元状态的方法，这与流域上下游关系和污染物迁移过程在本质上是一致的。根据马尔科夫链理论，将非点源污染概化为矩阵运算，以快速、准确地计算出不同汇水单元对流域水环境的贡献量。关于马尔科夫链模型的详细介绍可见第4章。

（3）水环境评估

为表征流域水环境的周期性和地域性，在这里将评估点水环境状态看成一个受各种因素影响的灰色变量，并根据灰色系统的相关知识建立污染负荷累积贡献量与河流水环境健康状态的关系。灰色现象指只知道系统的部分信息，但不能准确地给出系统状态或属性的现象。由于非点源污染在时间和空间上变化幅度大，导致流域水环境变化复杂，充满不确定性。因此，通过引入灰色概率分布的概念，将流域水质达标保证率和各汇水单元的污染负荷贡献量联系起来（陈衍泰等，

2004）。在此，引入三个基本概念（刘思峰，2004）。

定义一：称映射 $P_G: \Psi \rightarrow P[0,1]$ 为灰色概率，若 P_G 是（Ω, Ψ）上的闭区间集值测度，且 $1 \in P_G(\Omega)$，则称（Ω, Ψ, P_G）为灰色概率空间。

定义二：在样本空间 Ω 中，取值函数 ξ，称为样本空间 Ω 上的随机变量，定义：

$$F_G(x) = P_G(\xi \leqslant x)，\quad (-\infty < x < +\infty) \tag{5-1}$$

式中：$f_G(x)$——随机变量 ξ 的灰色概率分布；

$\quad\quad P_G$——实数域中 ξ 的灰色概率估计。

定义三：如存在 $f_G(y)$，使对任意的 y，有：

$$F_G(x) = \int_{-\infty}^{x} f_G(y)\mathrm{d}y \tag{5-2}$$

则称 $F_G(y)$ 为 $F_G(x)$ 的灰色概率密度。

在优先控制区识别过程中，首先假定流域水环境状态是一个包含了灰色性和随机性的灰色-随机变量，而任一时期的水环境状态则是该变量的一个样本。引入水环境达标保证率（Probability of Water Quality）的概念，以表征流域水环境状态。水质保证率指的是流域内特定水质指标在一定时期内未超过污染物浓度限值（标准）的概率。在此基础上量化某一样本对应的污染负荷削减比例，计算公式如下所示：

$$\partial = \begin{cases} 0, & if\ \partial \leqslant 0 \\ \dfrac{C_{实际} - C_{标准}}{C_{实际}}, & if\ \partial > 0 \end{cases} \text{或者} \ \partial = \begin{cases} 0, & if\ \partial \leqslant 0 \\ \dfrac{L_{实际} - L_{标准}}{L_{实际}}, & if\ \partial > 0 \end{cases} \tag{5-3}$$

式中：$C_{实际}$ 和 $L_{实际}$——评估点污染物的实际浓度和负荷；

$\quad\quad C_{标准}$ 和 $L_{标准}$——评估点对应的污染物浓度标准和负荷限值。

（4）级别划分

特定评估周期内，某一水环境状态出现的概率可以用灰色概率表示为：

$$R_G = P_G \tag{5-4}$$

式中：P_G——不同水环境状态出现的概率；

$\quad\quad R_G$——水质浓度超标的灰色-随机风险率。

根据灰色概率分布的概念，当某一水体断面的水环境灰色概率分布函数确定后，即可用该密度函数快速评估某水环境状态所对应的污染负荷超标比例 ∂，并将水环境达标保证率作为多级优先控制区划分的依据。借鉴系统可靠性的概念，将某一时期的评估点水质浓度记为一次随机事件（记为 B_i），由于各随机事件是彼此独立的，可用 $B_1 \cup B_2 \cup \cdots \cup B_n$ 表示。对应不同的保证率 $\partial_1, \cdots, \partial_j, \cdots, \partial_k$，可根据灰色概率密度计算结果，将水环境状态划分为不同的区间段，形如 (B_j, B_{j+1})。其本质上代表了某水环境达标保证率下所需的流域污染负荷削减量。自此，本方法已将各水环境状态映射为不同的污染负荷削减量。为进一步映射某水环境保证率下所对应的汇水单元，引入一个 β 措施调控因子，其中 $\beta = 1/p$，p 代表该地区潜在的非点源污染削减水平。通过引入 β 因子计算，统计某一污染削减要求下所对应的各汇水（空间）单元，从而使得多级优先控制区的划分结果更符合流域水环境管理的要求。

5.1.2　方法流程

多级优先控制区划分技术的具体步骤如下所示。

（1）步骤一：获取所需的输入数据，包括数字高程模型、土壤类型与土地利用的空间分布数据、水文和气象站的空间分布信息；气象数据（包括降水系列数据及蒸发系列数据）、土壤物理属性、土壤化学属性、水文系列数据、水质系列数据和作物管理措施等。

（2）步骤二：对各影响因素的统计特征进行系统分析，明确其变化特征及规律，揭示关键影响因素的周期性，在此基础上选择合理的评估周期。具体可采用Mann-Kendall 和 Spearman 非参数检验法分析各因素的变化趋势,利用小波分析方法识别各要素的周期性。

（3）步骤三：将流域切割为具有水文关联的汇水单元，用马尔科夫链模型量化各汇水单元对评估点的污染负荷贡献量；借鉴第 4 章的结论，本章选择按单位面积负荷贡献量大小对各汇水单元进行整体排序，根据各汇水单元的排名依次计算其对应的累积负荷百分比和累积面积百分比。

（4）步骤四：选择流域内特定的水体断面作为水环境基本评估点；根据水功能区所允许的污染物浓度限值，确定评估点对应的水质标准。计算评估周期内的污染物浓度，将评估点的水质浓度与污染物浓度限值对比，如超过浓度标准则按公式（5-3）计算浓度超标比例。

（5）步骤五：依据灰色概率密度函数，计算不同污染物浓度值对应的水环境达标保证率和污染负荷削减量。调研当地已有的污染控制措施，合理地设置措施调控因子 β。根据马尔科夫链的评估结果，统计不同水环境达标保证率下所需要控制的汇水单元，从而完成流域多级优先控制区的划分。

此方法的步骤如图 5-1 所示：

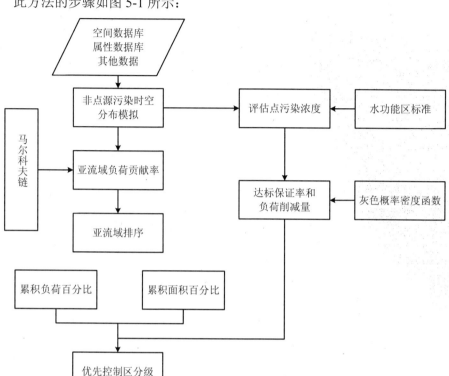

图 5-1　多级优先控制区的技术流程图

5.1.3　判定标准

本方法首先依据关键污染物的负荷贡献量或单位面积负荷贡献量对各汇水单元进行排序，根据各单元排名依次计算其对应的累积负荷百分比和累积面积百分比；在此基础上，依据水质达标保证率，将全部汇水单元划分为不同级别，从而使得不同的水环境管理目标得以落实到流域内各汇水单元。

5.1.4　方法特点

本方法的特点如下所示：

◆　本方法充分考虑了流域系统的随机性和不确定性，在量化各污染源对评

估点的多年负荷贡献量的基础上，构建了累积贡献量与河流水环境健康
状态的关系，从而使得基于优先控制区的非点源污染削减方案能与流域
水环境保护目标相结合；

◆ 新方法替代了传统优先控制区单一的划分标准，将不同水质管理目标所
对应的污染负荷削减量落实到流域内具体的汇水单元，使得非点源污染
控制得以有的放矢，从而为建立考虑水质达标率的流域非点源污染负荷
削减方案提供支撑，这更加符合流域水环境管理的现实需求；

◆ 本方法涉及流域内各影响因素变化趋势的分析，需要较多的数学理论知
识，实现时较为费时费力；就具体技术而言，如何揭示各因素的变化特
征及规律，以及这些影响因素的变化对流域优先控制区的影响，是多级
优先控制区划分的基础和前提；而选择何种时间尺度，如年、季节、汛
期与非汛期，或者日、次降雨，对多级优先控制区的划分同样重要；

◆ 优先控制区级别数的确定以及算法相关参数（如措施调控因子 β ）的选
择可能是主观的，为保证本方法的顺利实施，未来需要进一步分析研究
区的水环境演变特征以及流域内不同措施的实施效果。

5.1.5　案例研究

为了方便对比，本章所构建的优先控制区识别方法，均以大宁河流域（巫溪
段）作为案例研究区，研究区概况和分布式水文模型 SWAT 的应用已在第 3 章进
行了详细介绍，在此略过（下同）。

（1）方法准备

①步骤一：将亚流域作为基本评估单元。在划分流域水系过程中，SWAT 模
型是通过定义最小集水区的面积来确定亚流域数目的；最小集水区面积定义越
大，划分的亚流域数目越少，河网越稀疏。根据本课题的相关研究，亚流域的划
分方案会影响模拟结果的精度，但存在着阈值效应，即当亚流域数目超过一定阈
值时，不会对模拟结果造成影响（黄琴，2013）。在综合考虑研究需要和模拟效率
的基础上，本章将最小集水区面积阈值设置为 1 500 hm²。最终研究区被划分为
80 个亚流域。通过添加点集的方式，将巫溪县水文监测站设置于 67 号亚流域出
口（图 5-2）。

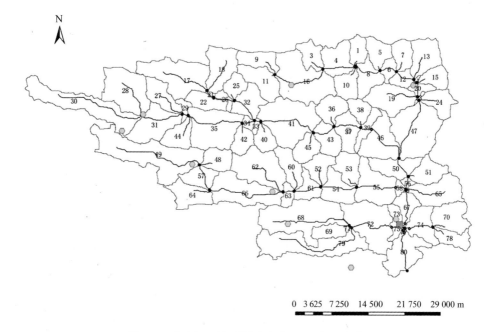

0 3 625 7 250   14 500   21 750   29 000 m

图 5-2   大宁河亚流域划分方案（80 个亚流域）

根据表 5-1，大宁河巫溪水文站位于二类水功能区，对应二类水质标准，总磷浓度标准为 0.1 mg/L。

表 5-1   大宁河流域（巫溪段）水环境功能类别划分

河段	功能类别	适用功能类别	备注
大宁河干流	饮用水源保护区	II 类	
东溪河	源头水	II 类	
西溪河	源头水	II 类	
后溪河	自然保护区、饮用水源保护区	I 类	宁厂古镇（历史文化名镇）
柏杨河	源头水	II 类	

表 5-2   总磷标准   单位：mg/L

I 类	II 类	III 类	IV 类	V 类
0.02	0.1	0.2	0.3	0.4

②步骤二：将流域切割为具有水文关联的 80 个亚流域，用马尔科夫链方法计算各亚流域对评估点的污染负荷贡献量，按单位面积负荷贡献量大小对亚流域进

行排名；根据亚流域排名，依次计算其对应的累积负荷百分比和累积面积百分比。考虑到大宁河流域的富营养化限制因子为总磷，因此本章重点以总磷为例探讨流域多级优先控制区的划分。

③步骤三：本项目组已对三峡库区的气象因素、土地利用数据进行了统计分析。在前人研究基础上，本章模拟计算了 2000—2008 年的评估点总磷浓度，选择 9 年的模拟周期是为了更好地反映降雨、农业等活动的周期变化。本案例采用的是总磷年均浓度，一个基本的前提假设是措施方案不会影响到流域长期的水文过程。有研究表明，措施方案虽然会影响单次降雨的水文过程，但对于长时间的水文过程则影响不大，这也证明了本章采取的浓度分割方法是可行的。通过调研当地已有措施，本章将大宁河流域的非点源污染措施效率设定为 70%，则措施调控因子 β 为 1.45。

④步骤四：根据灰色概率密度函数，对比了总磷的模拟浓度与浓度限值，计算了巫溪水文站 2000—2008 年内的总磷浓度，及其对应的水环境达标保证率和污染负荷削减量。如表 5-3 所示，评估点的总磷浓度介于 0.07～0.27 mg/L，其中 2005—2008 年和 2001 年的总磷浓度低于浓度限值，而 2000 年和 2002—2004 年的总磷浓度则超过了浓度限值，特别是 2000 年和 2003 年超标最为明显，超标比例分别为 64.12%和 50%。可以看出，总磷浓度超标主要集中于降雨量较大的年份（2000 年和 2003 年），典型平水年的总磷浓度则略大于枯水年。这表明在大宁河流域，丰水年的降雨冲刷作用会大于稀释作用；而在枯水年和平水年，降雨冲刷和稀释的综合作用则使评估点的总磷浓度低于浓度限值要求。对于 2007 年和 2008 年而言，当降雨量增加时，总磷浓度却呈现下降趋势，这可能是由于研究区逐渐用氮肥取代磷肥的原因。根据灰色概率密度函数，为实现水环境达标 60%、70%、80%、90%、100%的保证率，对应评估点的总磷污染削减量分别为 0%、16.43%、30.29%、50%和 64.12%。

⑤步骤五：考虑到当地的污染物削减能力，将研究区内各汇水单元划分为五个级别：

- 一级优先控制区（负荷削减量为 16.43%，对应累积负荷为 23%）；
- 二级优先控制区（负荷削减量为 30.29%，对应累积负荷为 43%）；
- 三级优先控制区（负荷削减量为 52.38%，对应累积负荷为 72%）；
- 四级优先控制区（负荷削减量为 64.12%，对应累积负荷为 92%）；
- 五级优先控制区（不需要治理）。

表 5-3　巫溪水文站总磷浓度达标保证率统计结果

年份	降雨量/mm	总磷浓度/（mg/L）	超标比例/%	对应累计概率/%
2000	1 111	0.27	64.12	11
2001	728	0.08	0	55
2002	1 082	0.14	30.29	11
2003	1 444	0.20	50	11
2004	1 028	0.12	16.43	11
2005	1 193	0.09	0	55
2006	790	0.07	0	55
2007	1 254	0.09	0	55
2008	1 257	0.09	0	55

⑥步骤六：计算不同水环境状态所对应的总磷污染负荷削减量。依据马尔科夫链计算结果，统计不同水环境达标保证率下所需要控制的亚流域。自此，完成大宁河流域的多级优先控制区划分。

关于本方法的详细介绍可参考 Chen et al.（2 014 a）或陈磊（2013）。

（2）结果分析

①多级优先控制区识别结果。

依据单位面积负荷贡献量对各亚流域进行排序，最终大宁河流域的优先控制区划分结果如表 5-4 所示。总体而言，各亚流域的单位面积贡献量介于 0～962.56 kg/hm²，平均值和标准值分别为 391.05 kg/hm² 和 211.92 kg/hm²，变异系数为 0.54。共有 14 个亚流域被识别为一级优先控制区，对应的累积负荷和累积面积分别占 24.09%和 13.94%；有 15 个亚流域被识别为二级优先控制区，累积负荷和累积面积分别占 45.45%和 29.26%；有 17 个亚流域被识别为二级优先控制区，累积负荷和累积面积分别占 73.32%和 53.49%；四级优先控制区则有 14 个亚流域，对应的累积负荷和累积面积分别占 92.33%和 72.91%；7 个亚流域被识别为五级优先控制区，累积负荷和累积面积分别占 100.00%和 83.04%。考虑到上下游关系，68～80 号亚流域处于巫溪水文站评估点下游，因此不参与分级。

表 5-4　基于单位面积负荷量的优先控制区分级结果

亚流域	负荷/（kg/hm²）	累积负荷/%	累积面积/%	分级	亚流域	负荷/（kg/hm²）	累积负荷/%	累积面积/%	分级
59	962.57	0.01	0.01	一级	49	404.84	65.40	46.19	三级
56	825.63	0.38	0.16	一级	44	403.99	66.57	47.25	三级
58	744.69	0.75	0.35	一级	1	400.06	67.36	47.96	三级

亚流域	负荷/ (kg/hm²)	累积 负荷/%	累积 面积/%	分级	亚流域	负荷/ (kg/hm²)	累积 负荷/%	累积 面积/%	分级
23	655.33	0.87	0.41	一级	13	392.85	68.98	49.45	三级
61	650.11	2.32	1.22	一级	40	391.86	69.79	50.20	三级
55	642.66	6.02	3.31	一级	30	389.15	73.32	53.49	三级
57	640.16	7.71	4.26	一级	12	387.66	73.88	54.01	四级
66	634.25	12.39	6.93	一级	39	386.96	74.56	54.64	四级
53	633.23	14.28	8.01	一级	3	386.73	75.51	55.53	四级
54	620.59	16.54	9.33	一级	38	382.28	76.22	56.21	四级
63	611.52	17.21	9.73	一级	4	370.23	77.60	57.56	四级
62	595.58	21.45	12.30	一级	25	369.82	78.29	58.23	四级
20	592.92	22.02	12.65	一级	33	369.33	78.43	58.37	四级
50	583.82	24.09	13.94	一级	36	368.29	79.49	59.41	四级
51	580.57	25.90	15.06	二级	5	367.35	80.40	60.31	四级
52	578.80	27.46	16.04	二级	41	359.80	83.75	63.68	四级
15	543.52	28.68	16.85	二级	16	350.46	87.08	67.12	四级
60	537.81	30.32	17.96	二级	42	347.89	87.84	67.91	四级
22	530.33	31.62	18.85	二级	17	326.32	90.52	70.88	四级
26	520.72	32.02	19.13	二级	31	324.54	92.33	72.91	四级
48	496.34	33.34	20.09	二级	27	299.35	93.28	74.06	五级
65	493.54	35.97	22.02	二级	8	289.26	94.17	75.17	五级
34	479.91	36.24	22.22	二级	9	287.86	94.97	76.18	五级
37	479.60	37.78	23.39	二级	10	286.69	95.71	77.11	五级
2	478.26	37.79	23.39	二级	18	285.74	97.10	78.87	五级
64	477.76	39.54	24.72	二级	28	259.71	99.05	81.59	五级
24	476.18	40.92	25.77	二级	11	237.57	100.00	83.04	五级
14	475.64	41.00	25.83	二级	68	0.00	100.00	86.90	—
47	469.55	45.45	29.26	二级	69	0.00	100.00	87.58	—
43	464.17	46.84	30.35	三级	70	0.00	100.00	89.11	—
45	457.17	48.03	31.29	三级	71	0.00	100.00	89.16	—
67	452.11	49.00	32.07	三级	72	0.00	100.00	92.06	—
21	448.93	49.08	32.13	三级	73	0.00	100.00	92.40	—
7	447.07	50.17	33.01	三级	74	0.00	100.00	93.72	—
29	446.00	50.50	33.28	三级	75	0.00	100.00	93.98	—
46	441.04	52.88	35.23	三级	76	0.00	100.00	94.00	—
19	435.02	55.06	37.05	三级	77	0.00	100.00	94.01	—
32	424.96	56.50	38.28	三级	78	0.00	100.00	94.86	—
6	422.26	57.02	38.72	三级	79	0.00	100.00	98.11	—
35	407.25	60.31	41.64	三级	80	0.00	100.00	100.00	—

在评估周期内，如不进行非点源污染控制，大宁河流域巫溪站的多年水质达标保证率约为60%。如表5-4所示，当水质保证率要求由60%增加到70%时，只需要对流域13.94%的区域（一级优先控制区）开展非点源污染控制；当保证率要求分别从70%增加到80%或由80%增加到90%时，则需进一步对16.96%（二级优先控制区）和24.23%（三级优先控制区）的流域面积进行污染控制；当达标保证率要求增加到100%时，则需要进一步对流域10.13%（四级优先控制区）的区域设置污染控制措施。随着保证率要求的增加，非点源污染控制的效率呈现下降趋势。如图5-3所示，初始阶段的累积负荷曲线曲率较大，当累积负荷达到30%时，其曲率开始变得平缓。这表明，通过对一级优先控制区开展非点源污染控制，使水环境达标保证率由60%提高到70%是最为经济的。而面积累积曲线则呈现相反的趋势，即初始阶段增长较为缓慢，但当累积面积达到35%时，其曲率增大，这为决策者制定高效的流域非点源污染削减方案提供了很好的视角。

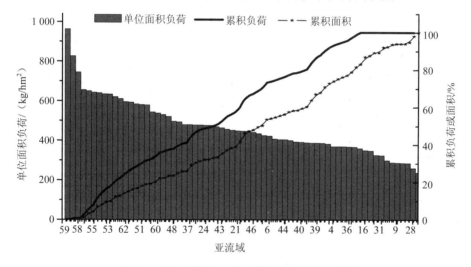

图 5-3　基于巫溪水文站的优先控制区分级结果

②不同水文年的对比。

降雨产流是流域非点源污染的直接驱动力，也是影响优先控制区分布的关键因素。为获取降雨对优先控制区识别的影响，本节首先对研究区1960—2010年的降雨量进行了统计分析，数据来源为国家气象局数据共享网。由表5-5和图5-4可知，大宁河流域降雨量变化范围为652~1 964.3 mm，平均值为1 167.5 mm。受到季风气候影响，研究区降雨年际变化较大，年降雨均方根为264.9 mm，变异系数为0.23。降雨量年际分配较为集中，降雨量为1 000~1 400 mm的年份占全部年份的 54%。与之对应的是，研究区具有典型的强降雨过程和弱降雨过程，如典型丰水年具有雨涝洪灾的特点，而典型枯水年则具有干旱缺水的特点，最丰年降雨量为最枯年降雨量的 3 倍以上。按照降雨频率，2003 年、2005 年和 2006 年的降雨保证率为 12.50%、47.92%和 91.67%，因此被选为研究区典型的枯水年、平水年和丰水年。

表 5-5　研究区降雨量统计（1960—2010 年）

排名	年份	降雨量/ mm	保证率/%	排名	年份	降雨量/ mm	保证率/%
1	1963	1 964.3	2.08	25	2000	1 111.3	52.08
2	1967	1 745.7	4.17	26	1986	1 098.0	54.17
3	1971	1 649.2	6.25	27	1977	1 085.0	56.25
4	1983	1 538.1	8.33	28	2002	1 082.1	58.33
5	1964	1 469.2	10.42	29	1995	1 081.9	60.42
6	2003	1 444.7	12.50	30	1961	1 072.4	62.50
7	1982	1 433.1	14.58	31	1981	1 059.0	64.58
8	1968	1 421.2	16.67	32	1985	1 043.3	66.67
9	1972	1 401.4	18.75	33	2004	1 028.6	68.75
10	1960	1 381.3	20.83	34	1994	1 027.6	70.83
11	1991	1 349.5	22.92	35	1973	1 027.3	72.92
12	1962	1 329.2	25.00	36	1996	1 014.9	75.00
13	1965	1 304.6	27.08	37	1966	1 005.6	77.08
14	1970	1 281.7	29.17	38	1992	981.0	79.17
15	1969	1 275.9	31.25	39	1988	939.1	81.25
16	1993	1 272.0	33.33	40	1984	938.4	83.33
17	1987	1 255.7	35.42	41	1976	927.7	85.42
18	2007	1 254.3	37.50	42	1999	875.9	87.50
19	1980	1 245.7	39.58	43	1975	828.1	89.58
20	1998	1 236.5	41.67	44	2006	790.4	91.67
21	1974	1 232.7	43.75	45	1990	777.2	93.75
22	1989	1 229.6	45.83	46	1978	773.9	95.83
23	2005	1 193.0	47.92	47	2001	728.4	97.92
24	1979	1 182.6	50.00	48	1997	652.0	100.00

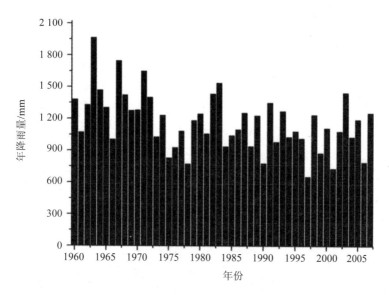

图 5-4   大宁河流域降雨情况统计（1960—2010 年）

对比图 5-5 和图 5-6 可知，不同水文年的评估点总磷污染负荷量差异极为显著，其中丰水年的总磷负荷量为 864.75 t，平水年为 787.19 t，枯水年为 669.05 t。与之对应的是，降雨量对不同亚流域的影响相差也较大，其中尤以一级优先控制区最为明显。以典型亚流域为例，59 号亚流域在丰水年、平水年和枯水年的单位面积贡献量分别为 962 kg/hm^2、542 kg/hm^2 和 228 kg/hm^2。随着降雨量的减少，59 号亚流域的贡献量呈现明显的下降趋势，其中丰水年贡献量是枯水年贡献量的 4 倍以上。可见降雨是部分亚流域污染输出的直接驱动力，而在大宁河流域，此类亚流域主要为一级优先控制区。以 56 号亚流域为例，在不同水文年，其单位面积负荷贡献量分别为 825 kg/hm^2、577 kg/hm^2 和 524 kg/hm^2。相对于丰水年，56 号亚流域在平水年和枯水年的负荷贡献量的变化较小，但二者之间的差异并不明显。可能原因是丰水年的降雨强度较大，污染物输出是以地表直接径流为主；而在平水年和枯水年，污染物更多是伴随着基流和浅层地下水缓慢输出。通常而言，基流的污染输出更为稳定，因而导致部分亚流域的污染贡献量在平水年和枯水年相差不大。在大宁河流域，这类亚流域大多被识别为一级优先控制区和二级优先控制区。

在丰水年、平水年和枯水年，67 号亚流域的单位面积负荷贡献量分别为 452 kg/hm^2、471 kg/hm^2 和 421 kg/hm^2，三者总体相差并不大。进一步对比发现，67 号亚流域在不同水文年的地表径流深分别为 922 mm、841 mm 和 520 mm，但土壤侧向水和浅层地下水输出则较为稳定。由此,可以判断 67 号亚流域的污染输出方式为基流。在大宁河流域,此类亚流域主要被识别为三级优先控制区和四级优先控制区。与之对应的是,11 号亚流域在丰水年、平水年和枯水年对评估点的贡献量分别为 237.57 kg/hm²、330.64 kg/hm² 和 186.79 kg/hm²,平水年的贡献量反而超过了丰水年和枯水年。此类亚流域在大宁河流域并不多见,可能原因是降雨对河道过程的影响。

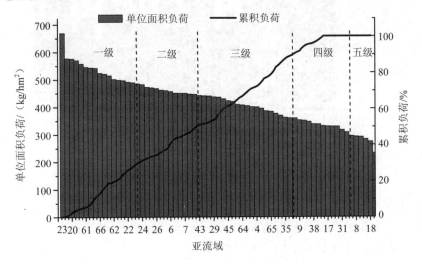

图 5-5　平水年的优先控制区分级结果

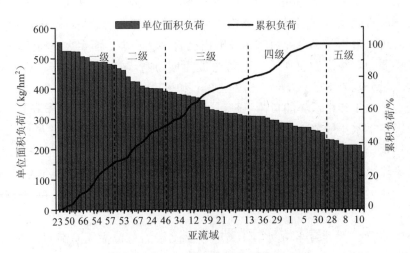

图 5-6　枯水年的优先控制区分级结果

附录 B 图 B-28～图 B-30 则描述了不同水文年的优先控制区空间分布。结果表明，降雨量对一级和二级优先控制区的空间分布结果影响不大，但对二级、三级和四级优先控制区的空间分布则影响显著。在不同水文年，20 号、23 号、50 号、56 号、57 号、58 号、59 号和 66 号亚流域均被识别为一级优先控制区，这些相对稳定的亚流域分别占丰水年、平水年和枯水年一级优先控制区的 64.29%、52.94%和69.23%。而 8 号、10 号、18 号和 28 号亚流域则在不同水文年均被识别为五级优先控制区，分别占丰水年、平水年和枯水年五级优先控制区的 57%、80% 和 64%。这表明虽然受降雨等因素的影响，非点源污染时空分布表现出较强的随机特征，但不同水文年对一级和五级优先控制区的空间分布影响不大，这为非点源污染的削减方案提供了一定的借鉴。

相对而言，只有 24 号、47 号和 60 号亚流域在不同水文年均被识别为二级优先控制区，分别占丰水年、平水年、枯水年二级优先控制区的 20%、23.08%和27.27%；3 号、21 号、35 号和 45 号则在不同水文年均被识别为三级优先控制区，所占比例分别为 23.52%、19.30%和 22.22%；31 号和 42 号亚流域则均被识别为不同水文年的四级优先控制区，所占比例分别为 14.28%、18.18%和 11.76%。由此可见，降雨的影响主要体现在中等级的优先控制区。当研究区的水环境达标保证率要求为 70%时，可不考虑降雨的影响。从提高非点源污染控制效率的角度，当水环境达标保证率要求为 70%～90%时，推荐 24 号、47 号和 60 号亚流域为优先治理的二级亚流域，3 号、21 号、35 号和 45 号亚流域为优先治理的三级亚流域，31 号和 42 号亚流域则为优先治理的四级亚流域。

5.2 多污染物的优先控制区识别方法

传统优先控制区研究所涉及的污染物主要包括氮磷、病原微生物和农药等，而对流域水环境影响较大的污染物主要包括营养型和毒理型两种。

营养型污染物主要为氮、磷，其主要来源为化肥、畜禽养殖和生活污水，水体中营养元素的富集将导致某些藻类（主要为蓝藻、绿藻）异常增殖，致使水体透明度下降、溶解氧降低、水生生物相继死亡、水体变得腥臭难闻。

毒理型污染物主要来源于有毒物质的使用，包括农药、除草剂及其降解产物，除此之外还包括化肥中的重金属等，这些污染物进入地表水环境中，不仅会造成污染指标超标，还会产生污染物的协同作用，直接对水生生物造成危害，并通过食物链对人体产生间接影响。

研究表明，流域内不同污染物的时空分布差异较大，且不同污染物对于流域水环境的影响机制也有所不同。因此，当存在不同污染物时，如何把握多种污染物的内在关联，从而找出客观存在的、对多种污染物输出都起关键作用的汇水单元是流域尺度优先控制区识别的难点。

目前，传统的多污染物优先控制区划分技术包括：

①并行划分法：首先识别流域关键污染物，然后依次识别各种污染物的优先控制区，并选择一定比例的汇水单元作为单个污染物的优先控制区；在此基础上，针对不同污染物单独地设置污染控制措施；

②空间分析法：在单个污染物优先控制区识别的基础上，应用地理信息系统的空间分析功能识别出不同污染物优先控制区的重叠部分，并将其作为多污染物的优先控制区；

③复合指数法：依据污染程度及决策者偏好，对流域内不同污染物赋予一定的权重，通过计算各汇水单元的多污染物复合指数，并以此作为多污染物优先控制区划分的基础。

由此可见，传统的多污染物优先控制区处理方法相对简单，由于其未考虑各汇水单元以及控制措施的多属性特征，如人工湿地对氮、磷、重金属等污染物均有着较高的处理效果，因此人为的主观影响较大，导致基于传统方法的优先控制区划分未必是高效的流域管理方案。本节借鉴水环境风险管理的理念，通过量化不同污染物对流域水环境的影响程度，进而找出对多种污染物输出均起着关键作用的汇水单元。

5.2.1　基本原理

如将不同汇水单元作为决策变量的话，那么多污染物的优先控制区分级则转化为一个多属性评价的问题。如果由于某一污染物具有特殊的重要性，或者人们对某一污染物有很高的"偏爱"，那么只要通过对比这一属性值即可决定各汇水单元的排序，传统方法大都属于单属性评价的范畴。单属性评价相对简单，但由于流域的复杂性，流域管理者在实际工作过程中所面临的绝大多数优先控制区识别常常属于多属性评价问题（Ghebremichael et al.，2013）。一般说来，流域内汇水单元可能对多种污染物的输出均起着一定的作用。当人们比较不同汇水单元时，常常需要全面地比较它们的若干个属性（不同污染物），才能看出某汇水单元是否为"优先单元"（Huang et al.，2010）。

在多属性评价过程中，仅用一二个污染物指标往往无法对各汇水单元做出全面的评价。对于简单的多属性评价问题，可使用处于同一层次（级）的一组污染物评价指标，并通过构建指标体系来解决多污染物难题；对于复杂的多属性评价问题，由于不同污染物的时空分布结果未必一致，因此，当多种污染物存在时，研究难点是如何把握多种污染物的内在关联，从而找出客观存在的、对多种污染物输出都起关键作用的汇水单元（Whitehead et al.，2007）。传统的综合评价方法有数十种之多，大体可根据权重的赋值方法，将其划分为主观评价法、客观评价法和不需要赋权的系统方法三种。传统方法的局限性在于权重可能会掩盖很多信息，同时也会使评价结果带有一定的主观性。为全面、客观地处理多污染物的优先控制区分级，本节采用了法国经济学家 Pareto 提出的帕累托最优的概念。为了全面、准确地反映流域真实情况，本节构建了基于帕累托占优关系的识别技术。通过帕累托占优算法，对不同亚流域之间的支配关系进行判断。如果目标函数，即某汇水单元 $F(x)$，是由 r 个子目标函数（污染物贡献量）组成，可表达为：

$$F(x) = [f_1(x), f_2(x), \cdots f_r(x)] \tag{5-5}$$

式中：$x = (x_1, x_2, \cdots, x_n) \in X \subset R^n$，为 n 维决策变量，X 为决策空间，即所有的可行解。对于给定的实际问题 $\min f(x)$，如若 $\forall x_A, x_B \in X_f$，满足下列条件：

$$\underset{i \in I}{\wedge}(f_i(x_A)) \geqslant (f_i(x_B)) \tag{5-6}$$

则称 x_B 对 x_A 是占优的，记为 $x_A \prec x_B$，可抽象理解为汇水单元 x_B 比汇水单元 x_A 对流域水环境影响更大，也即 x_B 是 x_A 的一个非劣解。可见，多污染物优先控制区划分的关键环节是基于马尔科夫链的计算结果，按照单位面积负荷贡献量将各汇水单元进行排序。对任意两个汇水单元 x_A 和 x_B（$x_A, x_B \in X_f$），如其单位面积负荷贡献量满足如下关系：

$$f(x_A) < f(x_B) \text{ 或 } f(x_A) \geqslant f(x_B) \tag{5-7}$$

则可根据多污染物的贡献量大小，对两个汇水单元进行先后排序，并将此作为多污染物优先控制区划分的基础。对于单污染物而言，优先控制区分级结果是存在且唯一的。但由于流域水环境通常会受到一系列污染物的影响，对于流域这样一种特定的系统状态，水环境健康状态往往取决于最不利因素的影响，即所谓的"木桶原理"。

"木桶原理"（又称"短板原理"）是由美国管理学家彼得提出的，指的是由多块木板构成的水桶，其价值在于其盛水量的多少，但决定水桶盛水量多少的关键因素不是其最长的板块，而是其最短的板块。

这就是说任何一个水环境状态可能面临的一个共同问题，即水体中各污染物均存在超标情况，而超标最多的污染物决定了目标水环境改善的难度。因而，多污染物优先控制区划分过程中，关键是筛选出对水环境影响更大的污染物。

5.2.2　方法流程

多污染物优先控制区划分技术的具体步骤如下所示：

（1）步骤一：主要污染物的确定。受众多因素影响，流域内不同污染物的产生和迁移过程各不相同，其优先控制区也有所不同。根据下面的分类，可将各类污染物因子对环境影响的敏感程度进行分级。其中，毒理型因子对人体危害最大，水体中此类因子超标时应优先加以控制；营养型因子将对水体生物产生巨大的影响，因此作为次优先控制因子；氟化物、硫化物等物质在超过一定浓度后也会产生严重的环境危害，应作为三级优先控制因子；氧平衡等因子可酌情作为优先控制区因子。优先次序如下：

毒理型因子＞营养型因子＞特殊污染因子＞其他因子。

在实际应用中，以下原则可帮助流域管理者对污染物进行筛选：

①水体的功能决定关键污染物的选择，如饮用水水源地和渔业用水、农灌用水以及湖泊水体等需要引入营养型因子；

②污染物排放量贡献率和水质贡献率都足够大，且能够反映流域污染水平的关键污染物作为控制因子，但毒理型因子可仅考虑水质贡献率而定；

③同样的水质条件下，选择对人体、动植物和土壤等环境要素具有较大危害的污染物作为控制因子；

④无水质标准的因子暂时无法进行水质评价，选择具有可靠的监测计算手段和切实可行的污染控制措施的水质指标作为控制因子。

在此，根据对人类和环境的影响方式对非点源污染物指标进行了如下分类，主要包括以下 5 类指标：

◆ 非污染物因子：粪大肠菌群等是水环境质量中衡量水质状况的因子，但并非直接表征某种污染物含量，在优先控制区划分中不存在特定的控制指标。

◆ 氧平衡性因子：如 COD、BOD、TOC 等。这些反映了水体受还原性物质污染的程度，是有机物相对含量的综合指标之一。这些指标之间有一定的相关性，一般可综合表征水体的有机污染状态，因此可选择其中一到多种作为优先控制区控制指标。

◆ 营养化因子：氮指标（总氮、氨氮、硝酸盐氮等）、磷指标（总磷）、叶绿素 a 等是引起水体富营养化的主要因子，一般来说，可选择氮、磷这两项指标作为水体富营养化优先控制区的基本指标。

◆ 毒理型因子：重金属、氰化物、砷、有机磷、难降解"三致"有机物等物质对人体有毒害作用，且多数由城市地表径流排放而来，在水体中存在具有特殊性，如水体中存在其污染特征时应需要对特定的优先控制区加以控制。

◆ 其他因子：悬浮物、氟化物、锌、石油类、阴离子表面活性剂、硫化物作为质量控制因子。但由于其多数不是对人体有毒物质，且在水体中浓度较低，部分因子是由于暴雨径流的存在而偶然存在的，故一般不作为优先控制区因子加以控制。

（2）步骤二：利用马尔科夫链结合灰色概率密度法，对任意汇水单元 $x_i \in X_f$，确定不同汇水单元对流域内某水环境断面的污染负荷贡献量，并在此基础上对不同污染物的优先控制区分级结果进行分别记录。重复此工作，直到获得全部目标污染物的分级结果，用 $f_i(x)$ 代表汇水单元 x 对污染物 i 的分级结果，其中 $i = \{1, 2, \cdots, k\}$，代表共有 k 种污染物。

（3）步骤三：引入帕累托最优的概念，定义各汇水单元的支配等级。对于任意汇水单元 x_A 和 x_B（$x_A, x_B \in X_f$），当且仅当：

$$\forall i = \{1, 2, \cdots, k\} : f_i(x_A) < f_i(x_B) \tag{5-8}$$

称汇水单元 A 支配于汇水单元 B，或者汇水单元 B 支配汇水单元 A，记为：

$$x_A \prec x_B \tag{5-9}$$

当且仅当：

$$\forall i = \{1, 2, \cdots, k\} : f_i(x_A) \leqslant f_i(x_B) \tag{5-10}$$

则称汇水单元 A 弱支配于汇水单元 B，记为：

$$x_A \preccurlyeq x_B \tag{5-11}$$

当 x_A 不 $\preccurlyeq x_B$ 且 x_B 不 $\preccurlyeq x_A$，则称两个汇水单元无差别，记为：

$$x_B = x_A \tag{5-12}$$

本质上，只有当汇水单元 A 对某河流水质断面的全部污染物负荷贡献量均低于汇水单元 B，才称汇水单元 A 支配于汇水单元 B。

（4）步骤四：引入非支配快速排序法。设置集合 F_i 和变量 V_{xi}，分别用以存放被汇水单元 X_i 支配的所有汇水单元以及支配汇水单元 X_i 的亚流域个数；初始化集合和变量为：

$$F_i = 0, V_{xi} = 0 \qquad (5\text{-}13)$$

对于任意汇水单元 X_j，如汇水单元 X_i 对汇水单元 X_j 是占优的，则在集合 F_i 中添加汇水单元 X_j；如果汇水单元 X_i 对汇水单元 X_j 是被占优的，则在 V_{xi} 中添加支配该汇水单元的单元个数，即：

$$V_{xi} = V_{xi} + 1 \qquad (5\text{-}14)$$

在完成所有的贡献量计算和汇水单元分配后，挑选那些 $V_{xi} = 0$ 的汇水单元，代表这些汇水单元的污染物输出量均比其他单元高。在此，将汇水单元 X_i 赋予一个虚拟的排名，形如：

$$X_{irank} = 1 \qquad (5\text{-}15)$$

对于处于同一支配等级的 X_i，进一步对比集合 F_i 中的汇水单元个数。如 F_i 中受支配汇水单元的个数较多，则证明在同一支配等级中该汇水单元是相对更优的，因此将该汇水单元赋予更高的虚拟排名。

（5）步骤五：将虚拟排名最高的亚流域 X_i 从集合中挑选出来，同时再次初始化集合 $F_i = 0$ 和变量 $V_{xi} = 0$。重复步骤四，直到所有汇水单元的虚拟排名都被确定完毕。最终，每个汇水单元将会有一个虚拟排名值，其排名越靠前，证明该汇水单元对多污染物输出的贡献越大。反之，排名较低的汇水单元则证明该单元对不同污染物的贡献较小。

（6）步骤六：按照虚拟排名，将不同汇水单元从高到低依次排序，计算不同污染物的累积负荷贡献量。在多级优先控制区划分时，按照"木桶原理"，选择最不利因素，即较难达标的污染物作为分级标准。比如，只有当所有的污染物累积负荷都达到70%的达标保证率时，才将对应的亚流域划分为一级优先控制区。重复以上步骤，直到所有汇水单元均被分级。

多污染物的优先控制区识别步骤如图5-7所示。

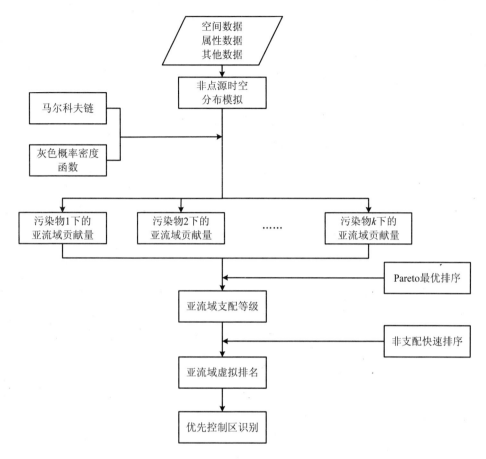

图 5-7　多污染物的优先控制区识别步骤

5.2.3　判定标准

在进行多属性排序时,重点考虑各亚流域的污染物贡献量和帕累托支配关系。通过帕累托支配关系从各汇水单元中选择对多种污染物贡献量均较大的汇水单元重新进行排序,重复以上操作直到所有汇水单元均被排序。选择出影响各水环境状态的制约污染物,并在此基础上进行多污染物优先控制区的划分。

5.2.4   方法特点

本方法的特点如下所示：
◆   由于流域内各污染源是彼此关联的，且非点源污染控制措施对多种污染物均有作用，因此本方法突破了传统方法的单属性特征，提出的多污染物识别技术更有利于控制措施的设计；
◆   传统多属性评价方法的局限性在于，权重赋值方法可能会掩盖很多信息，同时也会使评价结果带有一定的主观性；相比之下，帕累托占优方法更为全面和客观，从而保证流域水环境管理的科学性和合理性；
◆   相比本章其他方法，本方法更有针对性，即只局限于需要考虑多种污染物的情景；但本方法实现较为费时费力，且需要实践者拥有一定的数学理论基础，对于流域管理者而言相对复杂；
◆   多污染物优先控制区的关键在于准确识别流域内不同污染物的时空分布。目前，尚没有模型对于所有污染物均是适用的；而流域模型的选择应综合考虑特定污染物的传输过程以及时空尺度限制，这大大增加了流域管理者和研究人员的工作难度；如果能够准确、合理地描述流域内各污染物的时空分布，并在此基础上进一步考虑控制措施对不同污染物的去除效率，将为制定高效的流域管理措施奠定基础。

5.2.5   案例研究

大宁河流域的主要环境问题为富营养化，因此本章重点考虑总氮和总磷两种污染物。为了方便对比，针对单个污染物的优先控制区划分，采用的是 5.1 节所提出的多级划分技术。

（1）方法准备

①步骤一：在本章中，首先利用马尔科夫链结合灰色概率密度法，量化各汇水单元（亚流域）对评估点的负荷贡献量，并在此基础上记录总磷和总氮优先控制区的分级结果。重复此工作，直到获得总氮和总磷的分级结果。

②步骤二：流域内总氮和总磷的产生、迁移转化过程往往不同，这也大大增加了多污染物优先控制区识别的难度。本节以巫溪水文站评估点为例，进一步对比了总氮和总磷的优先控制区识别结果。如表 5-6 所示，评估点的总氮浓度介于 0.61～1.02 mg/L；与总磷浓度不同（如表 5-3），各年的总氮浓度均超过了浓度限

值（0.5 mg/L），其中 2000—2008 年分别超标 51.02%、18.93%、45.10%、44.17%、18.51%、26.67%、35.02%、31.89% 和 35.90%。另外，与总磷不同的是，总氮浓度与降雨量并没有直接的对应关系。可能原因是近年来三峡库区越来越依赖于氮肥，尤其是无机肥料的使用，使得研究区的硝酸盐输出量增加较为明显。不同总氮浓度状态对应的达标保证率如表 5-6 所示。为了方便对比，进一步限定总氮浓度的达标保证率为 70%、80%、90% 和 100%，对应的负荷削减比例分别为 35.90%、44.17%、45.10% 和 51.02%。在此基础上，将流域各亚流域划分为 5 级总氮优先控制区，对应的总氮污染累积负荷量为：52.05%（一级）、64.05%（二级）、65.40%（三级）、73.98%（四级），其他不需要治理的亚流域则被列为五级优先控制区。

表 5-6　巫溪水文站总氮水环境达标保证率统计结果

年份	降雨量/mm	浓度/（mg/L）	超标比例/%	该超标比例概率/%	对应保证率/%
2000	1 111	1.02	51.02	11	100
2001	728	0.62	18.93	11	22
2002	1 082	0.91	45.10	11	88
2003	1 444	0.90	44.17	11	77
2004	1 028	0.61	18.51	11	11
2005	1 193	0.68	26.67	11	33
2006	790	0.77	35.02	11	55
2007	1 254	0.73	31.89	11	44
2008	1 257	0.78	35.90	11	66

　　③步骤三：引入帕累托最优的概念，定义各亚流域的支配等级。引入非支配快速排序法，直到所有亚流域的虚拟排名都被确定完毕。按照"木桶原理"，选择最不利因素，即较难达标的污染物作为对应的分级标准。在大宁河流域，当水环境达标保证率小于 80%，其制约污染物是总氮；而进一步提高达标保证率，大宁河流域的制约污染物则由总氮变为总磷。比如，只有当总氮污染物累积负荷达到 70% 时，才将对应的亚流域划分为一级优先控制区；而当总磷污染物累积负荷达到 90% 的达标保证率时，才将对应的亚流域划分为三级优先控制区；重复以上步骤，直到所有汇水单元均被分级。

　　关于本方法的详细介绍可参考陈磊（2013）。

　　（2）结果分析

　　①单个污染物的分级结果。

　　根据马尔科夫链模型计算结果（表 5-7）可知，不同亚流域对巫溪水文站的

总氮污染贡献率为 $0\sim13\,667$ kg/hm^2，平均值和标准差分别为 6 309 kg/hm^2 和 3 460 kg/hm^2，变异系数为 0.55。与总磷不同，共有 32 个亚流域被识别为总氮的一级优先控制区，15 个亚流域被识别为五级优先控制区；只有 10 个、2 个和 8 个亚流域分别被识别为二级、三级和四级优先控制区。对总氮而言，不同级别的优先控制区分别占流域总面积的 33.85%（一级）、8.78%（二级）、2.10%（三级）、8.60%（四级）和 29.71%（五级）。相对而言，总磷不同级别优先控制区的面积比例分别为 13.94%（一级）、15.32%（二级）、24.23%（三级）、19.42%（四级）和 10.13%（五级）。对比可知，为了实现流域 70%、80%、90% 和 100% 的总氮浓度达标保证率，所需控制的汇水区面积分别是总磷的 2.42 倍、0.57 倍、0.08 倍和 0.44 倍；而对于不需要治理的汇水区面积，总氮的五级优先控制区面积为总磷的 2.93 倍。

表 5-7　总氮优先控制区的分级结果

亚流域	贡献量/(10^2 kg/hm^2)	累积负荷/%	分级结果	亚流域	贡献量/(10^2 kg/hm^2)	累积负荷/%	分级结果
63	136.67	0.92	一级	25	64.81	62.37	二级
57	125.75	2.94	一级	22	64.68	63.34	二级
50	118.05	5.51	一级	32	64.49	64.68	三级
66	113.73	10.64	一级	15	63.29	65.55	三级
61	113.23	12.19	一级	2	63.01	65.56	四级
52	110.80	14.01	一级	1	62.44	66.30	四级
62	110.65	18.82	一级	13	62.24	67.87	四级
54	103.10	21.12	一级	24	61.16	68.96	四级
51	101.98	23.06	一级	46	60.29	70.95	四级
26	100.94	23.54	一级	31	60.20	73.01	四级
21	99.61	23.64	一级	27	59.70	74.17	四级
56	99.07	23.91	一级	34	58.66	74.38	四级
3	94.27	25.33	一级	41	58.39	77.69	五级
40	90.82	26.48	一级	37	57.81	78.84	五级
58	90.14	26.76	一级	47	57.01	82.14	五级
48	89.14	28.21	一级	49	55.58	86.41	五级
64	89.03	30.20	一级	39	55.25	87.00	五级
67	88.92	31.36	一级	65	54.71	88.78	五级
12	87.89	32.13	一级	36	54.46	89.73	五级
60	86.45	33.74	一级	17	52.70	92.38	五级

亚流域	贡献量/（10^2 kg/hm^2）	累积负荷/%	分级结果	亚流域	贡献量/（10^2 kg/hm^2）	累积负荷/%	分级结果
59	84.28	33.75	一级	33	51.15	92.50	五级
14	84.17	33.83	一级	28	46.52	94.63	五级
42	84.03	34.94	一级	18	44.92	95.97	五级
45	83.34	36.27	一级	30	43.18	98.36	五级
23	82.57	36.36	一级	10	39.67	98.98	五级
11	81.96	38.36	一级	8	37.81	99.69	五级
16	79.92	43.01	一级	38	26.93	100.00	五级
9	76.60	44.31	一级	68	0	100.00	—
5	76.10	45.47	一级	69	0	100.00	—
55	74.86	48.11	一级	70	0	100.00	—
35	73.45	51.74	一级	71	0	100.00	—
44	73.15	53.04	一级	72	0	100.00	—
20	72.76	53.47	二级	73	0	100.00	—
7	72.17	54.55	二级	74	0	100.00	—
29	71.09	54.87	二级	75	0	100.00	—
19	70.36	57.03	二级	76	0	100.00	—
43	70.15	58.31	二级	77	0	100.00	—
6	69.28	58.83	二级	78	0	100.00	—
4	68.77	60.40	二级	79	0	100.00	—
53	67.56	61.62	二级	80	0	100.00	—

对比总氮（见附录 B 图 B-31）和总磷（见附录 B 图 B-28）优先控制区的空间分布可知，两种污染物的一级和五级优先控制区分布较为类似，其中 23 号、50 号、54～59 号、61～63 号和 66 号等 12 个亚流域被识别为总氮和总磷共同的一级优先控制区。从空间分布图中可知，对不同污染物贡献量均较大的亚流域可以分为两大类：一类是靠近巫溪水文站的亚流域，另一大类是那些支流源头且汇水区面积较大的亚流域。对于总氮和总磷而言，8 号、10 号、18 号、28 号均被识别为五级优先控制区。但对于不同污染物而言，二级、三级和四级优先控制区的空间分布差异较大，主要原因是氮磷污染的产生机制有所不同，这也验证了多污染物分析的必要性。

②多污染物情景的识别结果。

在单污染物识别的基础上，基于帕累托占优关系，首先对各亚流域赋予了虚拟排名，结果如表 5-8 所示。当只考虑总氮和总磷时，80 个亚流域被划分为 14

个等级,其中共有 22 个亚流域排序得分为 1 分,20 个亚流域的排序得分为 14 分。结合单污染物识别结果可知,得分为 1 的亚流域同时为总氮和总磷的一级优先控制区;而得分为 14 的亚流域则均被识别为总氮和总磷的五级优先控制区。这表示当研究区的水环境达标保证率由 60%提高到 70%,治理得分为 1 的亚流域即可达到同时去除总氮和总磷的效果。与此对应的是,即使研究区水质达标保证率要求提高至 100%,对得分为 14 的亚流域进行污染控制也是没有必要的。用 $f_i(x)$ 和 $f_j(x)$ 分别代表总磷和总氮优先控制区的分级结果,则集对$(f_i(x), f_j(x))$代表了多污染物的各亚流域排序。根据帕累托占优关系可知,受集对(二级,一级)、(二级,四级)、(二级,二级)、(二级,四级)、(一级,五级)、(三级,一级)、(二级,五级)、(三级,四级)、(四级,一级)、(三级,五级)、(四级,五级)和(五级,一级)支配的汇水单元个数分别有 32 个、31 个、25 个、18 个、13 个、11 个、8 个、6 个、6 个、3 个、1 个和 1 个。按照帕累托占优关系,将其得分分别定义为 2~13 分。本质上,在多污染物存在时,该得分代表了各汇水单元对多种污染物的贡献大小,得分越靠前证明治理该亚流域对改善河流水环境的效果越好。

表 5-8　多污染物的优先控制区排序

亚流域	总磷排名	总氮排名	得分	亚流域	总磷排名	总氮排名	得分
14	一级	一级	1	3	三级	一级	7
21	一级	一级	1	12	三级	一级	7
23	一级	一级	1	13	二级	五级	8
26	一级	一级	1	32	二级	五级	8
45	一级	一级	1	46	二级	五级	8
48	一级	一级	1	49	二级	五级	8
50	一级	一级	1	4	三级	四级	9
51	一级	一级	1	25	三级	四级	9
52	一级	一级	1	5	四级	一级	10
54	一级	一级	1	16	四级	一级	10
55	一级	一级	1	42	四级	一级	10
56	一级	一级	1	30	三级	五级	11
57	一级	一级	1	33	三级	五级	11
58	一级	一级	1	36	三级	五级	11
59	一级	一级	1	38	三级	五级	11
60	一级	一级	1				

亚流域	总磷排名	总氮排名	得分	亚流域	总磷排名	总氮排名	得分
61	一级	一级	1	39	三级	五级	11
62	一级	一级	1	41	四级	五级	12
63	一级	一级	1	9	五级	一级	13
64	一级	一级	1	11	五级	一级	13
66	一级	一级	1	31	五级	五级	14
67	一级	一级	1	17	五级	五级	14
40	二级	一级	2	18	五级	五级	14
20	一级	四级	3	27	五级	五级	14
22	一级	四级	3	28	五级	五级	14
43	一级	四级	3	8	五级	五级	14
53	一级	四级	3	10	五级	五级	14
35	二级	二级	4	68	五级	五级	14
6	二级	四级	5	69	五级	五级	14
7	二级	四级	5	70	五级	五级	14
19	二级	四级	5	71	五级	五级	14
29	二级	四级	5	72	五级	五级	14
44	二级	四级	5	73	五级	五级	14
2	一级	五级	6	74	五级	五级	14
15	一级	五级	6	75	五级	五级	14
24	一级	五级	6	76	五级	五级	14
34	一级	五级	6	77	五级	五级	14
37	一级	五级	6	78	五级	五级	14
47	一级	五级	6	79	五级	五级	14
65	一级	五级	6	80	五级	五级	14

为实现70%、80%、90%和100%的水环境达标保证率，一级～四级优先控制区所对应的总磷累积负荷量分别为23%、43%、72%和92.97%，总氮累积负荷量分别为52.05%、64.05%、65.40%、73.98%。根据帕累托定义对各亚流域进行重新分级，结果如表5-9所示。对于大宁河而言，一级和二级优先控制区的"木桶短板"为总氮，对应其累积负荷量为52.05%和64.05%；三级和四级优先控制区的"木桶短板"为总磷，对应其累积负荷量为72%和92.97%。

表 5-9　多污染物的优先控制区分级结果

亚流域	累积贡献率/%		分级	亚流域	累积贡献率/%		分级
	总磷	总氮			总磷	总氮	
14	0.08	0.08	一级	3	59.42	58.41	二级
21	0.15	0.18	一级	12	59.98	59.19	二级
23	0.26	0.27	一级	1	60.76	59.93	二级
26	0.67	0.75	一级	13	62.38	61.50	二级
45	1.86	2.08	一级	32	63.83	62.85	二级
48	3.18	3.52	一级	46	66.21	64.84	二级
50	5.25	6.09	一级	49	71.30	69.11	三级
51	7.05	8.03	一级	4	72.68	70.67	三级
52	8.61	9.85	一级	25	73.37	71.42	四级
54	10.88	12.15	一级	5	74.29	72.58	四级
55	14.59	14.79	一级	16	77.62	77.22	四级
56	14.96	15.06	一级	42	78.38	78.34	四级
57	16.64	17.08	一级	30	81.91	80.73	四级
58	17.02	17.36	一级	33	82.05	80.85	四级
59	17.02	17.37	一级	36	83.10	81.81	四级
60	18.66	18.98	一级	38	83.81	82.11	四级
61	20.11	20.52	一级	39	84.49	82.70	四级
62	24.35	25.33	一级	41	87.84	86.03	四级
63	25.02	26.25	一级	9	88.64	87.33	四级
64	26.76	28.24	一级	11	89.59	89.33	四级
66	31.45	33.38	一级	31	90.48	90.04	四级
67	32.42	34.54	一级	17	91.21	90.66	四级
40	33.23	35.69	一级	18	93.89	93.31	四级
20	33.80	36.12	一级	27	95.28	94.64	五级
22	35.11	37.09	一级	28	96.23	95.80	五级
43	36.50	38.38	一级	8	98.18	97.94	五级
53	38.38	39.61	一级	10	100.00	100.00	五级
35	41.67	43.23	一级	68	100.00	100.00	五级
6	42.18	43.75	一级	69	100.00	100.00	五级
7	43.28	44.83	一级	70	100.00	100.00	五级
19	45.45	46.98	一级	71	100.00	100.00	五级
29	45.78	47.30	一级	72	100.00	100.00	五级
44	46.96	48.61	一级	73	100.00	100.00	五级
2	46.97	48.61	一级	74	100.00	100.00	五级
15	48.19	49.48	一级	75	100.00	100.00	五级
24	49.58	50.57	一级	76	100.00	100.00	五级
34	49.85	50.77	一级	77	100.00	100.00	五级
37	51.39	51.91	一级	78	100.00	100.00	五级
47	55.84	55.22	一级	79	100.00	100.00	五级
65	58.47	57.00	二级	80	100.00	100.00	五级

多污染物优先控制区分级结果如表 5-9 所示，其空间分布结果如附录 B 图 B-32。一级优先控制区的汇水单元共有 39 个，分别占全部汇水单元个数和流域总面积的 48.75%和 38.33%。65 号、3 号、12 号、1 号、13 号、32 号和 46 号亚流域被识别为二级优先控制区，占全部汇水单元个数的 8.75%，流域面积的 8.73%。三级优先控制区只包含了 49 号和 4 号亚流域，占汇水单元个数的 2.5%，占流域面积的 5.90%。四级优先控制区则包含了 15 个亚流域，分别占汇水单元个数和流域面积的 18.75%和 24.17%。五级优先控制区包括了 17 个亚流域，分别占汇水单元个数和流域面积的 21.25%和 22.88%。从管理的角度，如果多种污染物的优先控制区分级结果存在矛盾时，理论上非点源污染控制不再存在最优方案，但采用本方法可在海量的方案中定位出对多种污染物均起到关键作用的汇水单元。由表 5-9 可知，当流域水环境已实现 70%的达标保证率时，理论上只需要对 65 号、3 号、12 号、1 号、13 号、32 号和 46 号亚流域进行非点源污染控制，即可实现 80% 的水环境达标保证率。多污染物的优先控制区识别方法有助于为决策者提供反思力，从而保证流域水环境管理的科学性和合理性。

5.3　多评估点的优先控制区识别方法

传统的优先控制区识别主要根据污染产生量对污染源进行排序，如果该区域的污染产生量超过一定阈值，即将该污染源识别为优先控制区。这类方法的局限性在于假定所有污染源对水环境评估点的影响是相同的，即其河道迁移过程是相同的，因此更适合于中小尺度流域，或构成相对简单的流域。而 5.1 节介绍的多级优先控制区识别方法，更多是从源排放因子和受体特征的角度考虑，对于污染物在河道中的迁移转化则进行了简化处理。实际上，随着水质监测网络的完善，流域内往往会有多个水环境评估点（水质控制断面），而这些评估点往往是具有水力联系的。因此，对于大流域或复杂流域而言，水环境健康是一种特定的系统状态，在该状态下，上游河流的水环境健康状态对下游河流的功能稳定具有重要作用。本节针对流域存在的多评估点情景，提出了一种基于动态规划思想的优先控制区识别方法。

5.3.1　基本原理

在实践中，评估点（控制断面）水质是流域水环境目标管理的基本依据和约束条件，也是污染物总量控制的关键参数。河流的健康是一种特定的系统状态；在该状态下，河流系统在变化着的自然和人文环境中，能够保持结构的稳定和系统各组分间的相对平衡，实现正常的河流系统功能。本方法的基本思路是：首先利用空间马尔科夫链构建流域上下游关系和污染物转移关系，并按照从上游到下游的次序，依次对每个评估点单独控制的汇水区进行优先控制区划分；其次当上游评估点的优先控制区分级完毕后，即假定该评估点控制的汇水区已开展了非点源污染控制，该评估点的水环境被认为处于临界健康状态（达到浓度限值）；再次引入马尔科夫链模型，计算上游评估点处于临界健康状态时下游评估点的污染负荷削减量，并在此基础上对下游评估点控制的汇水区进行重分级。

在此引入评估点、临界健康状态和动态规划等概念。

（1）评估点的选择

流域指由分水线所包围的河流集水区，通常所称的流域指的是地面集水区。按照水系等级，复杂流域可以分成数个不同级别的小流域；根据取水口、排污口的设置，也可将河流的不同河段提取为单独的流域（Miller et al.，2013）。由于地理位置的不同，非点源污染存在着典型的时空变异性，因而流域内不同区域（上下游）之间的水环境特征及问题各不相同（Liu and Weller，2008）。流域的复杂性使得在实际工作中，通常采取以点带面的方式，通过特定水环境断面的采样、测试、分析来反映整个流域水环境的质量及其变化趋势。通常而言，评估点可以设置在流域内特定的水环境监测断面、排污口、取水口、汇水区出口、重要支流出口、上下游关键节点或流域出口，合理的评估点选择将有助于反映流域内的污染物变化趋势，评估控制措施的有效性并以此制订流域水环境综合管理方案。

（2）临界健康状态

假设水质不达标河段的上游入境断面水质刚好达到健康标准，即认为此河段处于临界健康状态，对应的污染物通量即为上游河段临界健康状态下对下游河段的输入。此时来自上游的污染物通量并非真实存在，而是当上游处于临界健康状态时河流接纳污染物能力的表征。临界健康状态的假定可充分利用控制河段区内的污染物排放总量，从而确保出境断面水质也达到相应标准。对于水质不达标的河段，如果不能确定其在临界健康状态下对下游河段的污染物输入，就无法估计下游河流保持健康状态时可吸纳的最大污染负荷量，导致河流污染防治将缺少科学、客观的指导。因此，在上游临界健康状态的前提下，开展下游河段的优先控制区识别，将有利于贯彻优先控制区划分由污染物目标控制向总量控制发展这一环保方针。从实际情况来看，我国目前很大一部分河流都处于严重污染、水质超标的状况，但很大一部分污染实际上是上游河段输入造成的，在这种背景下探讨上游河段临界健康状态下的优先控制区划分，可以提高流域水污染的综合防治的科学水平。

（3）动态规划

通常而言，位于上游的水环境健康状态对下游河流的功能稳定具有重要作用。因此，本节引入动态规划的思想对流域上下游关系进行描述。考虑到流域过程的复杂性，特别是上下游关系的特殊性，可将流域优先控制区划分为若干个相互联系的阶段，对于各个评估点所控制的汇水区单独进行优先控制区划分。当然，每个评估点的划分过程不是彼此独立的，而是上游评估点的划分结果又影响着下游评估点的划分结果。当上游评估点的优先控制区分级确定后，即假定通过该评估点的河流处于临界健康状态（达到浓度限值）。必须指出的是，上游评估点的"临界健康状态"并非真实存在，而是上下游非点源污染治理先后顺序的一种反映，其主要体现的是流域优先控制区分级的效率和公平性。最终，当每个评估点的优先控制区依次确定后，就组成了一个决策序列，因此也确定了整个流域的非点源污染优先控制区分布。

　　动态规划是运筹学的一个分支，是求解多阶段决策问题的数学方法。20 世纪 50 年代美国数学家 Bellman 等人在研究求解决策过程的优化问题时，提出了著名的动态规划原理，即把多阶段过程转化为一系列的单阶段问题，利用各阶段之间的先后顺序，逐个求解。1957 年出版了他的名著《Dynamic Programing》，这也是本领域的第一本著作。在多阶段决策问题中，各个阶段采取的决策既依赖于当前状态，又随即引起随后状态的转移，一个决策序列就是在变化的状态中产生出来的，故有动态的含义。

5.3.2　方法流程

多评估点优先控制区划分技术的具体步骤如下所示：

（1）步骤一：评估点确定。在选择流域评估点时，可基于以下原则：

◆　河流的源头或水库出口，入湖口、入海口、入河口或其他省份交界处；

◆　国控、省控、市控例行监测断面，以及总量控制和目标控制断面；

◆　某水环境功能区的上界断面和下界断面；

◆　当上述各相邻评估点间距较大时，可根据具体情况插入一个或几个评估点；若上述各类评估点分布较为密集时，则适当删除一部分。

（2）步骤二：多评估点关系确定。在实际应用时，考虑到上下游关系的复杂性，引入空间马尔科夫链，从而确定评估点之间的污染物转移关系（具体方法可参考第4章马尔科夫链相关内容）。假设评估点为e_1，…，e_j，…e_k，利用马尔科夫链模型可得到不同评估点间的河道滞留系数矩阵。

$$Z = \begin{pmatrix} \alpha_{11} & \alpha_{12} & \cdots & \alpha_{1k} \\ \alpha_{21} & \alpha_{22} & \cdots & \alpha_{2k} \\ \vdots & \vdots & \ddots & \vdots \\ \alpha_{k1} & \alpha_{k2} & \cdots & \alpha_{kk} \end{pmatrix} \tag{5-16}$$

其中元素α_{ij}代表污染物自评估点e_i到评估点e_j的滞留系数，其数值可用马尔科夫链直接求得。当只考虑上游评估点对紧邻下游评估点的影响，且不同时存在多个上游评估点的情况下，以上矩阵可修改为：

$$Z = \begin{pmatrix} 1 & \alpha_{12} & \cdots & 0 \\ 0 & \ddots & \cdots & \vdots \\ \vdots & \vdots & \ddots & \alpha_{k-1,k} \\ 0 & 0 & \cdots & 1 \end{pmatrix} \tag{5-17}$$

（3）步骤三：评估点临界状态确定。利用流域模型或监测技术可得到基准状态下各评估点的污染负荷通量，记为E_1，…，E_j，…，E_k；各评估点的流量记为q_1，…，q_j，…q_k；污染物浓度记为C_1，…，C_j，…，C_k。根据污染物的浓度限值，计算为达到临界健康状态，每个评估点对应的负荷削减量，ΔE_1，…，ΔE_j，…，ΔE_k，其中ΔE_j的计算公式如下所示：

$$\Delta E_j = 31.54 \times (C_j q_j - C_{js} q_{js}) \tag{5-18}$$

式中：ΔE_j——为达到临界健康状态，评估点e_i对应的负荷削减量，t/a；

C_i——基准情景下评估点e_i的污染物浓度，mg/L；

C_{js}——水质浓度标准值，mg/L；

q_j——基准情景下通过评估点e_i的径流量，m^3/s；

q_{js}——临界健康状态下通过评估点e_i的径流量，m^3/s。

研究表明，非点源污染措施虽然会影响降雨的水文过程，但对更长时间尺度的水文过程则影响不大，即$q_{js}=q_j$，因此上述公式可转化为：

$$\Delta E_j = 31.54 \times (C_i - C_{is}) q_i \tag{5-19}$$

如$C_j < C_{js}$，则将ΔE_j定义为0，代表该评估点水质达标，不需要进行污染物

削减。

（4）步骤四：多评估点优先控制区分级。根据评估点上下游关系，依次对每个评估点所控制的汇水区进行优先控制区分级。如上游评估点处于临界健康状态时，则下游评估点的负荷变化量为：

$$\Delta E^{'}_{j+1} = 31.54 \times \sum_{j=1}^{m} \alpha_j \times \Delta E_j \qquad (5\text{-}20)$$

式中：$\Delta E^{'}_{j+1}$——上游评估点达到临界健康状态下，下游评估点的负荷变化量；

m——上游评估点的个数。

对比 $\Delta E^{'}_{j+1}$ 与 ΔE_{j+1}，如果 $\Delta E^{'}_{j+1} > \Delta E_{j+1}$，则证明当上游评估点处于临界健康状态时，下游评估点可满足浓度限值要求；此时，将下游评估点单独控制的汇水单元一律定义为低等级优先控制区，代表这些汇水单元不需要进行治理。而当 $\Delta E^{'}_{j+1} < \Delta E_{j+1}$ 时，表示当上游评估点处于临界健康状态时，下游评估点仍无法达到水质标准。此时，该评估点对应的负荷削减量变化为 $\Delta E_{j+1} - \Delta E^{'}_{j+1}$，以此计算下游评估点的水质浓度达标情况，并以此为新基准对只由该评估点控制的汇水单元进行重新分级。具体的分级方法可参见 5.1 节。

（5）步骤五：重复步骤三和步骤四，直到最下游的评估点也被定义完成。如上游存在多个评估点的情况，则计算每个上游评估点均处于临界健康状态下，下游评估点的负荷变化，计算方法同步骤三和步骤四。本方法与基于分区总量控制的思路比较类似，更有利于将非点源污染控制和现行的流域综合管理相结合，从而使河流的净化功能最大化，提高流域非点源污染控制的效率和效果。

具体流程如图 5-8 所示。

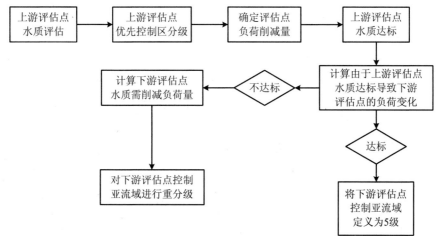

图 5-8　多评估点的优先控制区分级

5.3.3 判定标准

对于上游汇水区而言，依据关键污染物的负荷贡献量对各汇水单元进行整体排序；在此基础上假定上游评估点处于临界健康状态，重新评估下游评估点的"虚拟污染负荷"，并根据重新计算的下游水质达标保证率以及各汇水单元的污染贡献量，对下游评估点所单独控制的汇水区单元进行重新分级；根据流域各评估点的上下游关系，依次评估上游评估点处于临界健康状态时的下游优先控制区分级，最终得到全流域的优先控制区分级结果。

5.3.4 方法特点

本方法的特点如下所示：

- 我国通常以流域为单位跨行政区进行水环境管理，本方法类似于分区总量控制的思路，更有利于将非点源污染控制和现行的流域综合管理相结合，对流域水环境管理具有很强的指导意义；
- 临界健康状态的假定消除了上游污染输入的影响，符合流域非点源污染的区域性以及复杂性特征，通过上下游的依次治理，可充分解决跨行政区的非点源污染控制中可能存在的问题；
- 引入了动态规划的思想，考虑了上下游评估点之间的联系，利用了水体的自净能力，从而使河流的净化功能最大化，进而提高流域非点源污染控制的效率和效果；
- 评估点的选择是制约本方法应用的关键，选择水环境监测断面或水质控制断面为评估点有利于优先控制区的评估以及划分成本的降低；但从现行的流域水环境监测体系来看，常规的监测断面更多地反映点源污染的排放特征，现有的监测网络对于特定的暴雨事件未必合理；
- 通常，若上下游评估点的水环境功能区类别不同，下游评估点一般低于上游评估点的水功能区类别；但当下游评估点的水质要求高于上游评估点时，即使考虑上游临界健康状态，也可能出现下游所有亚流域都为优先控制区仍不能满足下游评估点水质要求的情况；
- 就具体技术而言，马尔科夫链模型本质上属于统计模型，对于污染物在不同评估点之间的迁移转化过程处理相对简单；当假定上游输入为临界健康状态，在变化条件下马尔科夫链模型的模拟精度值得怀疑；因此建议进一步采用 EFDC、WASP 等河流水质模型（具体见第 4 章），以提高多评估点动态关系的模拟精度。

5.3.5 案例研究

为了方便对比，本章在巫溪水文站的基础上进一步选择县界（流域出口）作为对比评估点，两个评估点的位置如图 5-9 所示，目标污染物为总磷。

（1）方法准备

①步骤一：利用马尔科夫链得到评估点间的河道滞留系数矩阵。利用 SWAT 模型得到基准状态下各评估点的负荷通量、流量及浓度；

②步骤二：根据污染物的浓度限值，计算为达到临界健康状态，每个评估点对应的负荷削减量；

③步骤三：根据评估点上下游关系，首先对巫溪水文站所控制的亚流域进行优先控制区分级；当巫溪水文站来水处于临界健康状态时，如县界评估点的水质满足浓度限值要求，此时，将县界评估点单独控制的亚流域一律定义为低等级优先控制区；当巫溪水文站评估点处于临界健康状态时，县界评估点仍无法达到水质标准，计算县界评估点的水质浓度达标情况，并以此为新基准对只由该评估点控制的 68～80 号亚流域进行重新分级。

关于本方法的详细介绍可参考 Chen et al.（2014 b）或陈磊（2013）。

（2）结果分析

①基于上下游关系的优先控制区分级。

由模拟结果可知，巫溪水文站评估点 2000—2008 年的污染负荷量分别为 952 t、642 t、871 t、865 t、618 t、787 t、669 t、723 t 和 699 t；而县界评估点的污染负荷量分别为 1 329 t（超标 23.21%）、804 t（超标 7.02%）、1 162 t（超标 29.66%）、1 156 t（超标 43.99%）、782 t（不超标）、986 t（不超标）、842 t（不超标）、909 t（不超标）和 884 t（超标 9.09%）。为实现 70%、80%、90% 和 100% 的水环境达标保证率，巫溪评估点的总磷负荷削减比例分别为 16.67%、28.57%、50.00% 和 62.96%，而由此引起的县界评估点各年的负荷削减量分别为 96～148 t、168～259 t、300～463 t 和 378～582 t，最大、最小总磷削减量分别出现在 2000 年和 2004 年。当巫溪评估点的水质浓度保证率达到 100% 时，县界评估点的达标保证率也相应地达到 100%。而当巫溪评估点的达标保证率为 90%，县界评估点的总磷浓度只在 2003 年超标，且超标程度由原来的 43.99% 下降到 7.65%。当巫溪评估点达标保证率为 70% 和 80% 时，县界评估点的 2000 年、2002 年和 2003 年浓度超标，超标比例分别为 12.07%、18.00%、32.36%和 3.71%、9.26%、23.64%。由此可见，在上游评估点的达标保证率发生变化时，下游评估点需削减的污染负荷量也相应地变化。在此基础上，利用灰色概率密度函数，对下游评估点控制的亚流域进行了重分级。

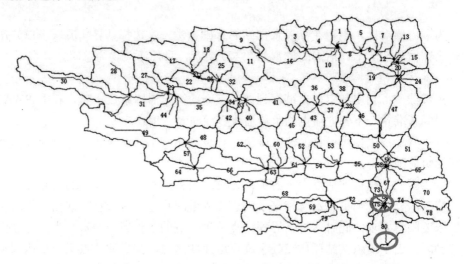

图 5-9　巫溪水文站评估点和县界评估点地理位置示意图

由附录 B 图 B-33 和表 5-10 可知，不同亚流域对县界水质评估点的总磷负荷贡献量介于 232～1 351 kg/hm²，平均值为 525 kg/hm²。对比附录 B 图 B-33 和附录 B 图 B-34 可知，不同评估点识别出的多级优先控制区结果差异明显。与巫溪评估点相比，县界水质评估点的高等级优先控制区更靠近流域出口。在不考虑巫溪评估点临界健康状态时，76 号、78 号、77 号、70 号、74 号、75 号和 79 号亚流域被识别为一级优先控制区，占全流域面积的 7.24%；68 号、80 号和 72 号亚流域被识别为二级优先控制区，占全流域面积的 6.67%；73 号、69 号亚流域则被识别为三级优先控制区，占全流域面积的 1.01%；71 号亚流域则被识别为四级优先控制区。

表 5-10　县界水质评估点的优先控制区分级结果

亚流域	负荷/（kg/hm²）	累积负荷/%	分级	亚流域	负荷/（kg/hm²）	累积负荷/%	分级
76	1 351	0.04	一级	14	466	56.85	四级
78	1 348	2.40	一级	47	460	60.11	四级
77	1 237	2.43	一级	43	455	61.13	四级
70	1 161	6.10	一级	45	448	62.00	四级

亚流域	负荷/（kg/hm²）	累积负荷/%	分级	亚流域	负荷/（kg/hm²）	累积负荷/%	分级
74	1 072	9.01	一级	67	443	62.70	四级
59	943	9.01	一级	21	440	62.76	四级
75	873	9.50	一级	7	438	63.56	五级
56	808	9.77	一级	29	437	63.80	五级
58	729	10.05	一级	46	432	65.54	五级
79	661	14.48	一级	19	426	67.13	五级
68	657	19.72	二级	32	416	68.19	五级
80	657	22.29	二级	6	413	68.57	五级
23	642	22.37	二级	35	399	70.97	五级
72	639	26.20	二级	49	396	74.70	五级
61	637	27.26	二级	44	396	75.55	五级
55	629	29.98	二级	1	392	76.13	五级
57	627	31.21	二级	13	385	77.31	五级
66	621	34.63	三级	40	384	77.91	五级
53	620	36.01	三级	30	381	80.49	五级
54	608	37.67	三级	12	380	80.90	五级
73	604	38.09	三级	39	379	81.39	五级
63	599	38.58	三级	3	379	82.09	五级
69	598	39.41	三级	38	374	82.61	五级
62	583	42.50	三级	4	363	83.62	五级
20	581	42.92	三级	25	362	84.13	五级
50	572	44.44	三级	33	362	84.23	五级
51	568	45.76	四级	36	361	85.00	五级
52	567	46.90	四级	5	360	85.67	五级
15	532	47.79	四级	41	352	88.12	五级
60	527	48.99	四级	16	343	90.55	五级
71	521	49.04	四级	42	341	91.11	五级
22	519	49.99	四级	17	320	93.06	五级
26	510	50.29	四级	31	318	94.39	五级
48	486	51.25	四级	27	293	95.09	五级
65	483	53.17	四级	8	283	95.74	五级
34	470	53.37	四级	9	282	96.32	五级
37	470	54.50	四级	10	281	96.86	五级
2	468	54.51	四级	18	280	97.88	五级
64	468	55.78	四级	28	254	99.30	五级
24	466	56.80	四级	11	233	100.00	五级

如表 5-11 所示,当上游巫溪站评估点水质达标保证率发生变化时,县界评估点的优先控制区分级结果也相应地发生了变化。当上游评估点水质达标保证率为100%时,县界评估点的水质达标保证率也提高到了100%,因此68~80号亚流域被划分为低等级优先控制区,这代表当巫溪评估点水质处于健康临界状态时,下游汇水区不需要治理非点源污染,即可保证县界评估点的水质浓度达标。而当巫溪评估点水质保证率达90%时,下游流域中的76号、78号、77号、70号、74号和75号亚流域被识别为四级优先控制区,而79号、68号、80号、72号、73号和69号亚流域则被识别为五级优先控制区。可以看出,随着上游评估点水质达标保证率的提高,下游亚流域的优先控制区级别会相应地降低。

表 5-11 考虑上下游关系的优先控制区分级结果

亚流域编号	负荷量/kg	累积负荷百分比/%	累积面积百分比/%	不同上游达标保证率下的分级结果				
				60%	70%	80%	90%	100%
76	421	0.04	0.01	一级	二级	二级	四级	五级
78	27 748	2.44	0.86	一级	二级	二级	四级	五级
77	441	2.47	0.88	一级	二级	二级	四级	五级
70	43 095	6.20	2.41	一级	二级	二级	四级	五级
74	34 153	9.15	3.72	一级	二级	三级	四级	五级
75	5 749	9.65	4.00	一级	二级	三级	四级	五级
79	52 010	14.15	7.24	二级	二级	三级	五级	五级
68	61 654	19.48	11.11	二级	二级	四级	五级	五级
80	30 135	22.09	13.01	二级	二级	四级	五级	五级
72	45 054	25.98	15.92	三级	三级	四级	五级	五级
73	4 926	26.41	16.25	三级	三级	四级	五级	五级
69	9 745	27.25	16.93	四级	四级	四级	五级	五级

当巫溪评估点的水质浓度达标保证率为70%和80%时,下游县界评估点的水环境达标保证率均为70%。县界评估点的分级结果中并没有一级和五级优先控制区,二级、三级和四级优先控制区的累积面积分别占全流域面积的11.11%、16.25%、16.97%(上游达标保证率为70%)和2.41%、7.24%、16.97%(上游达标保证率为80%)。这表明当上游汇水区的非点源污染潜在削减水平较低时,下游评估点存在最大水质达标保证率,即为90%。由此可见,巫溪评估点的水质达标保证率对下游的多级优先控制区划分结果影响较大。非点源污染的潜在削减水平(p)对于多评估点,尤其是下游评估点的优先控制区分级结果影响较大。受到当

地经济、技术水平的限制，非点源污染削减能力存在一定的上限。当 p 提高到一定程度时，从经济的角度，通过污染控制措施的设置提高局部水环境的达标保证率是不经济、不灵活和不高效的。在此，必须引入市场资源配置的规律和原则，如排污权交易等方式，对整个流域进行更为高效的流域非点源污染控制和管理。

②与传统方法的对比。

当缺乏上下游协调机制时，为确保不同评估点的水质均能稳定达标，通常依据"木桶原理"对不同评估点的分级结果进行叠加（最严格标准）。以两个评估点为例，重分级的评估矩阵如下所示：

	一级	二级	三级	四级	五级
一级	1	1	1	1	1
二级	1	2	2	2	2
三级	1	2	3	3	3
四级	1	2	3	4	4
五级	1	2	3	4	5

巫溪评估点的分级结果中，一级、二级、三级、四级、五级优先控制区个数分别占亚流域总个数的 41.25%、15.00%、11.25%、5.00%、11.25%，对应的面积比例依次为 32.13%、18.07%、9.21%、8.50% 和 9.48%。县界评估点的分级结果中，各级别亚流域分别占亚流域总数的 12.50%、8.75%、11.25%、25.00% 和 42.50%，对应的面积比例为 7.59%、12.58%、10.69%、18.23% 和 50.91%。按照最严格标准（见附录 B 图 B-36），一级优先控制区所占比例大大提高，五级优先控制区所占比例则大幅缩小，各等级亚流域个数分别占亚流域总数的 50.00%、18.75%、13.75%、6.25% 和 11.25%，对应面积比例为 39.38%、26.72%、10.22%、8.55% 和 15.13%。在不考虑上下游关系时，多级优先控制区划分是由单个评估点分级结果的叠加。由此推断，如不考虑上游关系，需要对更多的亚流域设置污染控制措施以保证评估点水质达标。实际上，由于流域是具有上下游关系的半封闭系统，因此上游评估点的健康状态对下游评估点的水质达标率会产生较大影响。按照本章所提出的方法（见附录 B 图 B-35），如保证上游河流 100% 的水质达标率，则全流域的各等级亚流域个数应分别占全流域亚流域数的 41.25%、15.00%、11.25%、5.00%、27.50%，所占面积比例依次为 32.13%、18.07%、9.21%、8.50% 和 32.09%，考虑上下游关系的划分结果显然是更合理的。

5.4 本章小节

本章针对非点源污染的随机性等特征，将灰色统计方法和总量控制理念相结合，探讨了基于水质达标保证率的多级优先控制区分级技术；针对非点源污染具有地域性和复杂性的特点，探讨了多评估点存在时的优先控制区识别方法，以及多污染物情景的优先控制区识别方法，最终形成了一套完整的流域尺度优先控制区分级方法。

①分析表明，流域尺度多级优先控制区划分方法有助于将污染源污染负荷削减与水环境达标保证率联系起来。就影响因素而言，降雨量对高等级和低等级优先控制区的空间分布影响不大，但对中间等级的优先控制区的影响较大。同时，不同污染物的多级优先控制区划分结果差异较大，就总磷而言，丰水年的降雨冲刷作用要大于稀释作用，这表明针对某一种污染物制定的流域管理方案对其他污染物则未必有效。

②基于帕累托占优关系的多污染物分级结果表明，本方法对高等级优先控制区（多种污染物输出量均较大）的亚流域具有较好的识别能力。就大宁河流域而言，总氮是划分一级和二级优先控制区需要重点考虑的目标污染物，而总磷则是三级、四级、五级优先控制区划分的基础。

③基于上下游关系的多评估点分级结果表明，上游评估点的健康状态对下游流域的分级结果影响显著。当上游评估点水质处于临界健康状态，下游评估点的水质达标率也相应地提高到100%；与之对应，下游亚流域均被划分为五级优先控制区，不需要进一步治理。而当上游评估点水质达标率为70%或80%时，下游评估点水质达标率最大为90%。

最终，不同情景的研究结果表明本章构建的多级优先控制区分级技术对于流域内的不同水文年、多评估点、多污染物都是适用的。

参考文献

[1] 陈磊. 非点源污染多级优先控制区构建与最佳管理措施优选[D]. 北京：北京师范大学，2013.

[2] 陈衍泰，陈国宏，李美娟. 综合评价方法分类及研究进展[J]. 管理科学学报，2004，7（2）：69-79.

[3] 黄琴. 非点源污染优先控制区识别——以三峡库区大宁河流域（巫溪段）为例[D]. 北京：北京师范大学，2013.

[4] 刘思峰. 灰色系统理论的产生与发展[J]. 南京航空航天大学学报，2004，36（2）：267-272.

[5] Chen L，Zhong Y，Wei G，et al. Development of an integrated modeling approach for identifying multilevel non-point-source priority management areas at the watershed scale[J]. Water Resources Research，2014a，50：4095-4109.

[6] Chen L，Zhong Y，Wei G，et al. Upstream to downstream：a multiple-assessment-point approach for targeting nonpoint source priority management areas at large scale watershed[J]. Hydrology and Earth System Science，2014b，18（4）：1265-1272.

[7] Gardner K K，McGlynn B L，Marshall L A. Quantifying watershed sensitivity to spatially variable N loading and the relative importance of watershed N retention mechanisms[J]. Water Resources Research，2011，47（8）.

[8] Ghebremichael L T，Veith T L，Hamlett J M. Integrated watershed-and farm-scale modeling framework for targeting critical source areas while maintaining farm economic viability[J]. Journal of Environmental Management，2013，114：381-394.

[9] Giri S，Nejadhashemi A P，Woznicki S A. Evaluation of targeting methods for implementation of best management practices in the Saginaw River Watershed[J]. Journal of Environmental Management，2012，103：24-40.

[10] Huang F，Wang X，Lou L，et al. Spatial variation and source apportionment of water pollution in Qiantang River（China）using statistical techniques[J]. Water Research，2010，44（5）：1562-1572.

[11] Kovacs A，Honti M，Zessner M，et al. Identification of phosphorus emission hotspots in agricultural catchments[J]. Science of the Total Environment，2012，433：74-88.

[12] Liu Z J，Weller D E. A stream network model for integrated watershed modeling[J]. Environmental Modeling & Assessment，2008，13（2）：291-303.

[13] Miller J R，Mackin G，Lechler P，et al. Influence of basin connectivity on sediment source，transport，and storage within the Mkabela Basin，South Africa[J]. Hydrology and Earth System Sciences，2013，17（2）：761-781.

[14] Strauss P，Leone A，Ripa M N，et al. Using critical source areas for targeting cost-effective best management practices to mitigate phosphorus and sediment transfer at the watershed scale[J]. Soil Use and Management，2007，23：144-153.

[15] Whitehead P G，Heathwaite A L，Flynn N J，et al. Evaluating the risk of nonpoint source pollution from biosolids：integrated modelling of nutrient losses at field and catchment scales[J]. Hydrology and Earth Systems Science，2007，11（1）：601-613.

结 论

6.1 主要结论

本书系统地总结了非点源污染优先控制区识别方法，介绍了不同方法的优、缺点及适用领域，并以长江各典型流域作为研究区，给出了各方法的应用案例，为我国的非点源污染控制提供了技术方法和应用案例。具体内容如下：耦合了APPI 模型和 PLOAD 模型，提出了基于"污染流失风险评估-污染负荷产生量计算"的优先控制区降尺度识别技术；针对传统技术的局限性，依据质量守恒原理提出了各汇水单元的污染负荷排放量和排放标准的确定方法，识别了影响非点源污染排放的关键因素，最终构建了基于排放量的优先控制识别体系；结合非点源污染的特点，在水环境评估点的基础上，引入了马尔科夫链模型，将流域上下游关系和污染物迁移过程概化为矩阵运算，最终建立了基于污染负荷贡献量的优先控制区识别方法；在此基础上，将灰色统计方法和总量控制理念相结合，探讨了基于水质达标保证率的多级优先控制区分级技术；针对非点源污染的地域性特点，探讨了多评估点存在时的优先控制区识别方法，以及多污染物情景的优先控制区识别方法，最终形成了一套完整的优先控制区分级方法。案例研究结果表明：

①运用 APPI 模型结合 GIS 技术，识别了涪江流域的氮磷污染流失高风险区。其中，编号为 14、18 的亚流域为非点源污染发生潜力较大的区域，这表明在我国，施肥、耕作等人为因素是流域尺度污染流失风险的关键影响因素。对污染流失高风险区进行了次级亚流域划分，并采用更为精细的 PLOAD 模型及单位负荷法估算了次级亚流域的污染负荷强度，结果表明涪江流域总氮和总磷的污染负荷强度介于 $2.233 \sim 6.356 \, t/(km^2 \cdot a)$ 和 $0.198 \sim 0.319 \, t/(km^2 \cdot a)$，在长江上游各支流流域中处于较高水平。本方法结构简单，所需数据少，且能保证一定的识别精度，适用于我国大中尺度流域，尤其是资料缺乏流域的优先控制区识别。

②基于污染排放量的优先控制识别方法，考虑了上游污染输入对下游水环境的影响，同时综合考虑了各汇水单元所处水功能区的排污要求。案例研究表明，三峡库区大宁河流域的泥沙侵蚀指数在不同水文年差异显著，但总体上丰水年＞平水年＞枯水年；从月份上来看，总磷污染指数丰水期＞枯水期＞平水期，位于一级水功能区的亚流域更容易被识别为枯水期的总磷污染优先控制区，平水期无总磷污染优先控制区。就影响因素来看，林地面积、坡度大于 35°坡地面积以及径流量是优先控制区空间分布的主要影响因素。基于模型的嵌套模拟，可以实现"流域—汇水单元—更小一级汇水单元"的优先控制区降尺度识别。总体而言，本

方法更适合于复杂流域，尤其是存在着主导功能和水质管理目标不同的多个特定水域。

③基于负荷贡献量的识别方法，引入了流域上下游关系和污染物的河道迁移过程，实现了河道过程的精细化模拟，从而为优先控制区识别提供了新的思路。案例研究结果表明，流域内各汇水单元对特定河流断面的污染负荷贡献量差异显著，贡献量大小主要取决于污染源输出量和各汇水单元与评估点的距离。对于全流域而言，更多的亚流域被识别为高等级负荷优先控制区，而部分与评估点缺乏水力联系的亚流域则被识别为低等级负荷优先控制区。该方法突破了传统方法的局限性，对于高等级和低等级优先控制区的识别能力更强，更符合非点源污染的特征和流域水环境管理的需要。

④多级优先控制区划分方法有助于将污染源污染负荷削减与水环境达标保证率联系起来。就影响因素而言，降雨量对高等级和低等级优先控制区的空间分布影响不大，但对中间等级的优先控制区的影响较大。基于上下游关系的识别结果表明，上游评估点的健康状态对下游流域的分级结果影响显著，当上游评估点水质处于临界健康状态，下游评估点的水质达标率也相应地提高到100%。与之对应，下游亚流域均被划分为五级优先控制区，不需要进一步治理。而当上游评估点水质达标率为70%或80%时，下游评估点水质达标率最大仅为90%。基于帕累托占优关系的识别结果表明，该方法对多种污染物输出量均较大的亚流域具有较好的识别能力。就大宁河流域而言，总氮是划分一级和二级优先控制区需要重点考虑的目标污染物，而总磷则是三级、四级、五级优先控制区划分的目标污染物。最终，不同情景的研究结果表明本研究构建的多级优先控制区分级技术对于流域内的不同水文年、多评估点、多污染物都是适用的。

6.2 应用展望

（1）应用一：水质监测网络的设计

在流域水污染管理中，可根据优先控制区的分布制定非点源污染监测方案，并以此作为水体保护的依据。目前，美国国家环境保护局已在大量科学试验和研究的基础上，结合非点源污染优先控制区的分布特征，以建议的方式发布了河流水质监测网络设计准则，并要求各州政府根据流域实际情况制定相应的水环境监测网络。目前，我国尚没有制定针对非点源污染的河流监测网络。在此，我们建议国内的行政管理部门可参考美国国家环境保护局的做法，根据各流域优先控制区的分布特征制定、评估和修改当地的河流水质监测网络。

（2）应用二：排放许可证制度

针对于非点源污染的分散性特征，其排放许可证可首先集中于优先控制区，目前我国已经明确要求新建小区的雨水控制与利用工程必须和主体工程同步设计、同步建设、同时投入使用，这为我国的非点源污染排放许可证制度奠定了一定的基础。然而排放主体一直是非点源污染控制的核心问题，也是多年来研究者关注、探讨和争论的关键问题，因此为了进一步推广农田排污许可证，需要针对流域非点源的特点进一步明确相关的产权问题。

（3）应用三：控制措施设置

针对那些对水质恶化有突出贡献的优先控制区，应根据当地特征制定防止水质恶化的法规或措施。借鉴美国国家环境保护局的经验，在选择流域非点源污染控制措施时，应遵循以下原则：①通过优先控制区的污染治理，保证高品质的水体必须满足其水体功能；②限制优先控制区的数量，同时需要阻止高品质水体的水功能恶化；③对于已超标的水体，通过扩大优先控制区的面积使得劣于水质标准的水体达到相关标准。在此，我们建议根据优先控制区的特征，进一步加强污染控制措施的有效性研究，从而使得措施配置技术更为系统、完善。

（4）应用四：控制预算的分配

在进行非点源污染控制时，优先控制区识别为资金分配提供了可靠的前提。借鉴国外相关理念，建议由国家环境保护主管部门向下级政府分发国家专项资金，采取国家主导、地方配套的方式实施非点源污染的管理，通过优先控制区集中处理非点源污染问题。

附录 A
传统优先控制区识别技术

目前尚未有研究将各种优先控制区识别方法进行系统整理，导致传统的优先控制区识别技术在应用过程中缺乏必要性的指导。为了便于读者对传统优先控制区识别方法的了解，我们罗列了相关识别方法并给出了其特点以及下载地址。

1　基于污染流失风险的识别技术

潜力评价指的是量化不同影响因素对非点源污染形成的相对贡献，进而识别出非点源污染的高风险区。该方法体系主要包括了磷指数法（Phosphorus Index，PI）、农业非点源发生潜力指数系统（Agricultural Pollution Potential Index，APPI）、地形指数法（Landscape Index，LI）和归一化植被指数（Normalized Difference Vegetation Index，NDVI）等方法。其中，APPI 方法的介绍可参考本书正文第 2 章，其他方法的介绍如下所示。

（1）磷指数法

磷指数评价法于 1993 年提出（Lemunyon and Gilbert，1993）。在最早的磷指数评价法中，磷污染指标体系包括了地表径流、土壤侵蚀、土壤磷含量、化肥及有机肥的施用量及施用方法等因子，从而综合考虑了多因子相互作用下农业地区磷养分流失的危险性，具有简单、实用的优点。该方法首先根据影响磷流失的各因子对磷流失的贡献大小赋予其相应的权重，并将各因子划分为若干等级；每一级别再赋予相应的等级分值，以此反映该因子的取值对磷流失危险的影响。将各因子对应的等级分值与权重相乘，再将各因子值相加即可得到磷指数 PI，其计算公式为：

$$PI=\sum（磷流失影响因子等级分值×权重）\qquad(A-1)$$

按照流失危险性，将磷指数从小到大分为 4 类，分别对应特定的营养物和土地管理方案，其中强度"高"和"很高"的区域既是磷流失潜在危险区，也是农业非点源磷污染的优先控制区。但该方法主要针对小尺度且性质相对均一的小流域而提出的，无法推广到大中尺度的流域。

在 Lemunyon 和 Gilbert 提出磷指数评价法后，许多学者对该指标体系作了大量修改，引入了许多新的评价因子，如潜在污染源距水体的距离和植被管理（McFarland et al.，1998）、土壤磷的饱和度（Bolinder et al.，2000）以及磷的下渗作用（Sims et al.，1998）等。这些修改沿用了 Lemunyon 和 Gilbert 的磷指数评价法框架，并且增加了流域尺度上影响土壤磷流失的因子，使得这一方法在流域尺度的实用性大大增强。美国农业部和美国国家环境保护局还专门出台了国家政策和指导方针来指导农业营养物管理，并推荐将磷指数评价法应用到美国的营养物管理计划发展中（Mallarino et al.，2002）。在这些研究中，Gburek et al.（2000）对传统磷指数评价法的修正作出了突出的贡献，其思路具体可归纳为两个方面。首先，根据各因子对农业非点源磷污染形成的作用，将各影响因子分为迁移因子和源因子两大类：源因子主要是指影响养分元素在土壤中含量的因子，如土壤中有效磷含量、化肥和有机肥的施用量及施用方式等；迁移因子主要是指影响土壤中潜在的磷元素从土壤向水体实际迁移扩散的因子，除了常用的土壤侵蚀和地表径流因子外，还增加了潜在污染源距河流的距离这一因子，以反映流域尺度上磷流失的特点。其次，提出了影响磷流失的污染迁移因子和污染源因子是否同时存在这一概念。在早期的磷指数计算中，各因子是相加关系，并没有深入考虑各因子之间的相互作用机理。Gburek et al.（2000）在新的磷指数评价法中，假定所有的迁移因子的等级级别值都在 0～1，它们相乘得到总的迁移因子等级级别值，然后再与所有的源因子的等级级别值之和相乘来计算磷指数。这样的计算方法实际上是把迁移因子看作对磷流失可能性的一个度量，避免了将潜在的流失危险当作实际的流失危险，从而保证优先控制区识别必须同时考虑高危险性的源因子和高危险性的迁移因子。例如，具有高土壤有效磷（源因子）的区域如有低迁移因子，那么该区域的磷流失危险将不会很高。新的磷指数评价法是对早期版本的进一步完善，尤其是在计算方法上的修正使得该评价方法更加合理，在流域尺度上也具有更强的可操作性。但是，在各因子的权重赋值上，新方法仍沿用了专家打分法，这种在定性和粗略定量的基础上确定加权值的方法还是存在一定的缺陷的。

在 Gburek 磷指数方法的基础上，众多学者根据评价对象的不同，引入了其他评价因子，从而推动了该方法的发展。比较有代表性的有：Heathwaite et al.（2000）引入了灌溉侵蚀因子；Sharpley et al.（2001）引入了淋溶可能性因子；Birr 和 Mulla（2001）引入了河道两边 91.4 m 内农田与草地的面积比作为影响磷流失的迁移因子；Coale et al.（2002）增加了地下排水和受纳水体的优先位置两个因子，并对各因子的等级分值以及评价的等级作了相应的修改；DeLaune et al.（2004）还把经过修正的磷指数评价法运用到了牧场，从而扩大了磷指数评价法的应用范围。这些新方法都使得磷指数评价法更加完善，从而在国内外得到了广泛的应用。

目前的磷指数法是基于地理信息系统的风险评价方法，重点考虑源因子和迁移因子等两类因子。其中，源因子包括了土壤养分磷背景值、化肥和有机肥的施用量、施用方式和施用时间等；迁移因子则包括土壤侵蚀、地表径流、农地距河流的距离等。根据每一个因子测定值的大小划分 5 个等级：无、低、中、高、极高，每一个等级分别对应一个等级分值（如 0、1、2、4、8），并赋予每个因子相应的权重值。根据下列公式计算磷的流失敏感性（PI 值）：

$$PI = \left[\sum (S_i \cdot W_i) \right] \cdot \Pi (T_j \cdot W_j) \qquad (A\text{-}2)$$

式中：S_i——源因子评价指标 i 的等级分值；

　　　W_i——源因子评价指标 i 对应的权重；

　　　T_j——迁移因子评价指标 j 的等级分值；

　　　W_j——迁移因子评价指标 j 对应的权重。

表 A-1　磷指数法所需数据

数据类型	所需数据	数据来源
土壤磷素水平	土壤母质及土壤类型及其全磷含量	土壤普查、实验测定
磷肥施用	磷肥施用方式、施用量	统计年鉴
土壤磷吸持指数	磷吸持指数	抽样实验
土壤磷饱和度	磷饱和度	抽样实验
降雨侵蚀力	日降雨量	雨量站
土壤可蚀性	土壤质地、土壤有机质含量	土壤普查数据
地形因子	坡度、地形等 DEM	流域地形图
植被覆盖因子	土地利用类型	文献调研
水土保持措施因子	土地耕作方式、农业技术措施等	文献调研
地表径流	年均降雨量、地表径流系数	雨量站、文献调研
人口状况	人口分布、人口密度	统计年鉴
农业发展状况	畜禽存栏、出栏情况	统计年鉴

本方法的技术流程图如图 A-1 所示。

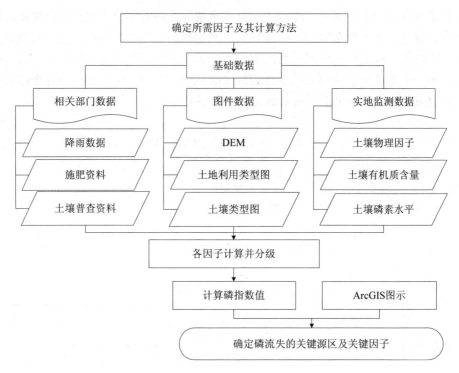

图 A-1 磷指数法技术流程图

磷指数评价法包括多个评价因子。对于每一个评价因子的等级划分和权重赋值标准,多是采用调研文献与专家评价法相结合的方式来确定。如表 A-2 所示。

表 A-2 磷指数法的评价标准

指标	权重	等级值				
		极低(1)	低(2)	中(4)	高(8)	极高(10)
土壤磷素水平/(g/kg)	0.8	0.20~0.41	0.41~0.61	0.61~0.81	0.81~1.0	>1.0
磷肥施用/[t/(hm²·a)]	1.0	0~30	30~100	100~200	200~350	>350
土壤固磷能力	0.7	>30	25~30	20~25	15~20	<15
		极低	低	中	高	极高
		0.6	0.7	0.8	0.9	1
土壤侵蚀/[t/(hm²·a)]	1.0	<2	2~10	10~25	25~50	>50
年径流深/cm	1.0	<20	20~30	30~50	50~80	>80
		极低	低	中	高	极高
		0.3	0.6	0.8	0.9	1
源与河流距离/km	1.0	>5	3~5	1.5~3	0.5~1.5	<0.5

综上所述，磷指数法是用来评价流域内磷污染流失到受纳水体，并引起水体污染的潜在危险性评估方法，可用来划定区内磷流失发生的高风险区域。该方法能够比较全面地考察导致土壤中流失的主要因素，而且不使用复杂的数学模型和计算方法，具有简便实用的特点；该方法可根据研究区的特征对因子进行修正，具有很强的灵活性与应变能力；此外，可充分发挥地理信息系统的各种功能，使评价结果具有更好的可视性和可操作性。磷指数评价法只限于磷污染，评价结果为营养元素流失风险的相对值，而非营养元素的实际流失量；另外，该方法在因子权重的确定、风险等级的划分环节缺乏统一的标准，会使得优先控制区的识别结果带有一定的主观性。

（2）地形指数法

地形指数主要是从产流的角度来评价各汇水单元的污染流失风险。该指数是基于变源面积理论，即产流仅产生于由于降水使土壤达到饱和的一部分流域面积上，这部分被称为源面积（Agnew et al.，2006）。地形指数实际上反映了流域饱和缺水量的空间分布，其基本表达式为：

$$TI = \ln(\alpha / \tan \beta) \tag{A-3}$$

式中：TI——地形指数；

α——流域坡面任意点 i 处单位等高线长度的汇水面积；

β——该点处坡度。

理论上，地形指数越高，该流域的源面积越大，水文敏感区的可能性越高。地形指数常与其他污染物负荷评估模型（如输出系数法和通用土壤流失方程）相结合（Qiu，2009），作为模型的一个参数或权重系数来评价非点源污染负荷的空间分布，进而识别出优先控制区。

表 A-3 地形指数法所需数据

数据类型	所需数据	数据来源
土地利用	土地利用类型的面积	
水文数据	降雨、蒸发及流量	水文监测站点
数字高程图	高程、坡度、坡长、坡向	
土壤	土壤类型及分布	如：中科院地理科学与资源研究所资源环境数据中心
	土壤物理属性（土壤质地、有机质含量、pH 值等）	
	土壤化学属性（总氮/总磷/总钾等）	
人口状况	人口分布、人口密度	统计年鉴
农药化肥施用情况	农药化肥施用量、施用方法有机堆肥情况	

本方法技术流程图如图 A-2 所示。

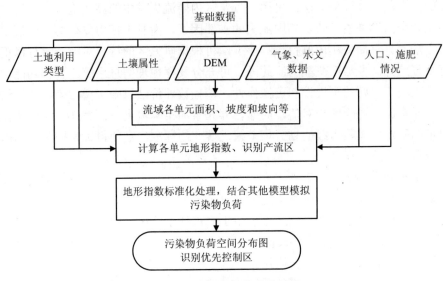

图 A-2　地形指数技术流程图

综上所述，地形指数能够反映流域水文过程，所需数据量少，适用于数据缺乏的区域；并且简单实用。但地形指数易受到区域的土壤渗透性、基底地形特性等因素的影响，因此在评价流域水文过程时不一定有效，需要修正。

（3）归一化植被指数法（NDVI）

归一化植被指数法（NDVI）是一种利用植被的反射光谱特征表征植物生长状况、生物量和群落分布特征的方法，通过红光反射（Red）和近红外光反射（NIR）的差异来反映绿色植被相对丰富和活性的辐射量。其定义式为：

$$NDVI = (NIR - Red) / (NIR + Red) \tag{A-4}$$

NDVI 是植物生长状态和植被空间分布的指示因子，与地表植被覆盖率成正比关系，一般可通过可见光和近红外波段的反射率得到。通常 NDVI 对植被的生长势和生长量非常敏感，可以很好地反映地表植被的繁茂程度，在一定程度上能代表地表植被覆盖变化（Tucker，1979）。因此 NDVI 常用来描述植被生长状况，估测土地覆盖面积的大小、植被光合能力、叶面积指数（LAI）、现存绿色生物量和植被生产力等（辛景峰等，2001；徐雨晴等，2004），还可以用来估算区域蒸散量、土壤水和旱情分析等（齐述华等，2003；杨胜天等，2003）。还可以运用流域NDVI 来分析气候变化（温度、降水）对植被的影响、流域干旱状况变化特征（陈云浩等，2001；张远东等，2003；李晓兵等，2000）。在流域水土流失研究方面，NDVI 被用于 USLE 模型中植被管理影响因子 C 值（USLE_C）的计算。NDVI 作为土壤流失模型（如 USLE 方程）的修正参数，通过模拟各流域单元的土壤流失量，一般认为植被覆盖度越高，土壤侵蚀的危害性越小。

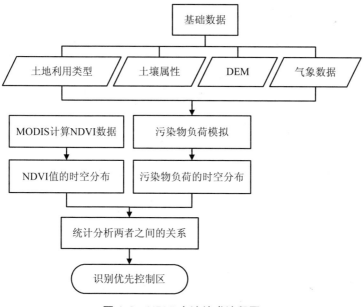

图 A-3　NDVI 方法技术流程图

NDVI 方法所需的基本数据为气象观测卫星高分辨率辐射计数据。NDVI 值可通过遥感图像的运算直接获取，并用作表征土地覆被变化的因子，简单易用。但该方法易受卫星过境时段和天气状况等因素的影响，较难获取所需季相、且无云等气象条件干扰的遥感资料，从而造成估测精度的降低。

2　基于污染产生量的识别技术

此类方法的技术核心是获取非点源污染时空分布，具体则包括了 SWAT 模型、AGNPS 模型、GWLF 模型等机理模型和输出系数法、PLOAD 模型等统计方法。当资料较为充足的时候，可采用非点源污染机理模型来描述降雨径流、土壤侵蚀、污染物坡面迁移等过程，主要代表模型包括 CREAMS、ANSWERS、HSPF、AGNPS、SWAT、BASINS 等；而当资料不充足的时候，则主要采用输出系数法等统计模型。其中，关于 PLOAD 模型和 Johnes 输出系数法的介绍可参考正文第 2 章，其他方法的介绍如下所示。

（1）资料充足地区的识别方法

当资料相对充足时，可考虑采取流域水文模型估算污染负荷产生量。流域模型可根据水文水质现象或要素的空间特征，分为集总式模型和分布式/半分布式（Obropta and Kardos，2007）。集总式水文模型不考虑水文现象或要素空间分布，将整个流域作为一个整体进行研究。其变量和参数通常采用平均值，使整个流域简化为一个对象来处理，所以不能对某流域中单个位置进行模拟，且对水文循环过程的描述通常采用经验型公式。这些特性都会影响优先控制区识别的精度和准确度。相比之下，分布式/半分布式水文模型则通过水循环的动力学机制来描述和模拟流域水文过程。此类模型根据水介质移动的物理性质来确定模型参数，利于分析流域下垫面变化后的产汇流变化规律；另外，分布式/半分布式模型以其具有明确物理意义的参数结构和对空间分异性的全面反映，可更为准确、详尽地描述流域内真实的水文过程，且输出结果有一定的精度（Migliaccio and Srivastava，2007）。但分布式/半分布式模型过程复杂，模型参数众多，对数据资料的种类和精度都有很高的要求（通常需要气候、水文、地形、土壤物理化学属性等详细的数据资料），需要花费大量的人力和财力进行收集。考虑到非点源污染控制力度的逐渐加强，优先控制区识别也必须满足一定的精度和准确度，因此分布式/半分布式模型已逐渐展现其自身的优势，并被广泛应用于非点源污染优先控制区识别的相关研究（Borah and Bera，2003）。

分布式/半分布式模型的输入数据有相似之处，基本可归总为空间数据（土地利用方式、土壤分布等）、属性数据（土壤物理化学属性、水文水质数据等）和其他。具体的数据类型、要素及来源见表 A-4。

从具体步骤来看，分布式/半分布式模型首先需通过数据搜集建立模型基础数据库，然后通过参数率定和验证获得适合研究区的模型参数组；将流域景观具体划分为较小的土地单元（水文响应单元、土地利用或行政区，每个土地单元内部采用集总参数来模拟水文过程）；对每个单元进行径流、泥沙及非点源污染物的演算，结合河道内的运移过程模拟实现负荷的估算与预测，获得非点源污染时空分布，在此基础上根据一定的识别标准（通常为污染负荷产生量阈值），最终确定流域的优先控制区。具体流程图如图 A-4 所示。

表 A-4　分布式/半分布式水文模型的输入数据

数据类型	数据要素	数据来源
水文水质数据	流量、氮磷浓度等	水文监测站点，水文年鉴
气象数据	气压、平均气温、相对湿度、风速等	中国国家气象局及各地方气象站点
数字高程图	地面高程信息	国家基础地理信息中心
土地利用方式	土地利用的空间分布	中科院资源环境科学数据中心
土壤	土壤类型及分布	中科院地理科学与资源研究所资源环境数据中心
	土壤物理属性（土壤质地、有机质含量、pH 值等）	《中国土种志》
	土壤化学属性（TN/TP/TK 等）	中国科学院南京土壤研究所的中国土壤数据库
社会经济状况	畜禽存栏、出栏情况、人畜排放、污水处理厂排放情况	统计年鉴，实地调查
作物管理方式	农药化肥施用量、施用方法、农作方式等	统计年鉴，实地调查

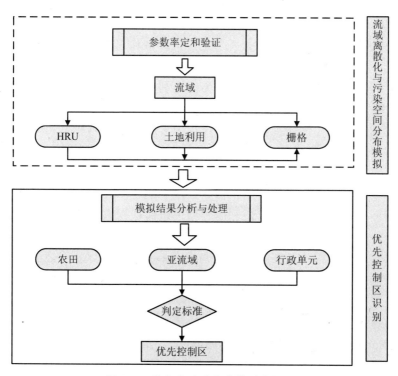

图 A-4　分布式/半分布式模型流程图

在此介绍几个重要的流域水文模型。

①SWAT 模型（Soil and Water Assessment Tool）是美国农业部农业调查局研发的流域模型（Arnold et al.，1998）。SWAT 模型的前身是 SWRRB 模型，在其发展过程中还整合了美国农业部农业调查局的其他几个相关模型，包括 CREAM 模型、GLEAMS 模型和 EPIC 模型等。本质上，SWAT 模型属于机理模型，可用来预测土地利用、土壤类型、坡度、气象条件和农业管理措施对降雨径流、土壤侵蚀和化学物质输出的影响；SWAT 模型以日为基本时间步长，也可进行月、年等长时间系列的模拟，这有利于更好地了解非点源污染的形成原因及其对受纳水环境的长期影响。同时，SWAT 模型是一个分布式水文模型，基本计算单元是水文响应单元（Hydrology Respond Unit，HRU），即亚流域内有着相同的土地利用类型、土壤类型和坡度的地区，同一 HRU 有着相似的水文特性。SWAT 模拟时，首先计算各个 HRU 的污染物产生量，然后将亚流域中所有 HURs 的计算结果汇总得到各亚流域的非点源污染物产生量，以上过程为路面水文循环过程，决定了各亚流域进入河道的水量、农药、泥沙和营养物质等排放量；而后根据河道拓扑关系进行水文演进，即模拟各物质通过河网达到流域出口的运移过程，由河道演算得到流域出口处的径流、泥沙及污染物的负荷量（Arnold et al.，2012）。

从 SWAT 模型的结构来看，流域的空间离散化可以大至亚流域，小至水文响应单元，因此其对优先控制区的识别可以在亚流域、田间和行政区等多种尺度下进行。但是通常水文响应单元作为土地利用、土壤和地形特性的集总，在SWAT 模型中不具备空间属性，因此关键水文响应单元识别对于非点源污染控制并没有实际意义。在优先控制区识别过程中，应将水文响应单元与实际汇水单元的分布相结合，常用的方法包括：设置土地利用、土壤和地形的划分阈值为 0，即避免了集总带来的空间属性丢失，将这些单元还原至原先的空间位置，并保证了模型输出结果包含了所有组合情景的水文响应单元；在定义水文响应单元时，在田间尺度下重新定义土地利用类型，进而根据农田的实际边界划分水文响应单元，进而识别优先控制区；当优先控制区识别需要聚焦于具体的行政区时，可以在水文响应单元/亚流域信息与行政单元信息进行空间叠加的基础上，构建基于农田产出的污染强度指标，选择高污染强度的汇水单元作为需要优先控制的关键行政单元。

②AGNPS（Agricultural Non-Point Source）模型。由美国农业部土壤保持局（USDA- Soil Conservation Service）和明尼苏达州污染控制局共同开发，主要用于估算单次降雨事件下农业流域地表径流产生和污染物迁移。该模型由水文模块、侵蚀模块、泥沙和化学污染物传输模块构成。其中，水文模块采用 SCS-CN 法计

算径流总量；在侵蚀模块中，采用改进的通用土壤流失方程（RUSLE）计算土壤侵蚀量；在泥沙传输模块中，采用稳态的连续性方程模拟流失土壤在流域内的传输情况，并计算最终的泥沙输出量；在化学污染物传输模块中，结合泥沙量以及泥沙对污染物的富集系数计算对吸附态化学污染物，通过径流量和径流对污染物的溶解系数计算溶解态污染物（Huang et al.，2008）。

作为半分布式的参数模型，AGNPS 模型将流域划分为多个方形单元网格，并要求网格内各点的水文条件要尽可能相同。相较于 SWAT 模型，AGNPS 模型对流域离散化的方式更加简单且具有主观性，亦使得优先控制区的识别局限在网格尺度。由于网格单元与实际行政区或农田在空间分布上是难以匹配的，需在后续处理中对网格的污染输出进行处理，以进行更加针对性的非点源污染控制。例如张玉珍（2007）运用 AGNPS 模型模拟了福建漳州市五川流域的可溶态氮磷，通过分析网格单元氮磷污染的流失与迁移，从而识别出高污染经济作物种植区为优先控制区。

③AnnAGNPS（Annualized Agricultural Non-Point Source）模型。该模型是在 AGNPS 模型的基础上发展而来，传承了 AGNPS 模型的优点，并针对其单次降雨事件模拟的局限性进行了升尺度拓展，成为一种连续模拟模型。更为重要的是，AnnAGNPS 模型没有延续前者均等划分网格单元的流域离散化方法，而是按照流域水文特征将流域划分为一定的栅格，基本原理等同于 SWAT 模型中的水文响应单元。总体而言，AGNPS 模型系列均适用于面积较小的流域，在大尺度流域应用时具有一定的局限性。

④GWLF（Generalized Watershed Loading Function）模型。由宾夕法尼亚州立大学的 Haith 和 Shoemaker 两位教授于 1987 年共同开发，主要用于模拟流域内不同土地利用类型的地表径流、地下水、土壤侵蚀以及由其产生的营养盐负荷，同时也考虑了居民区化粪池、畜禽养殖及点源排放带来的污染负荷。作为一个半分布式、半经验式的流域负荷估算模型，GWLF 模型考虑了不同土地利用类型的区别，但模拟时也假定同种土地利用类型共用一套参数。在水文循环的模拟中，该模型采用 SCS-CN（Soil Conservation Service-Curve Number）法计算地表径流；对于陆面土壤侵蚀的模拟，GWLF 模型采用了传统的通用土壤流失方程（Universal Soil Loss Equation，USLE）；对农村地区的营养物负荷而言，GWLF 模型主要依据径流量及泥沙中的携带系数进行计算，来自城市地区的营养物负荷采用表征累积和冲刷过程的指数方程计算。

从模型结构上来看，GWLF 模型是基于亚流域，因此 GWLF 模型所识别的优先控制区通常在亚流域尺度。GWLF 模型的复杂性介于详细的机理模型与简单的输出系数模型之间，比较适合数据相对缺乏地区的污染负荷估算与优先控制区识别。此模型同时被美国国家环境保护局定义为中尺度模型，最佳研究区面积大小应在 $100\sim2\,000\ km^2$。

表 A-5　基于非点源污染模型的优先控制区识别案例

模型	流域	流域面积/km²	优先控制区单元	污染物	参考文献
SWAT	Saugahatchee Creek 流域，美国	570	亚流域	泥沙、总氮、总磷	Niraula et al.（2013）
SWAT	Bayou Plaquemine Brule 流域，美国	1 478.46	亚流域	泥沙、总氮、总磷	Poudel et al.（2013）
SWAT	R-farm 和 Rock River 流域，美国	1.63 和 71	农田	总磷	Ghebremichael et al.（2013）
SWAT	长乐江流域	696.42	亚流域，行政区	总氮	邓欧平等（2013）
SWAT	湘江枫溪至马家河段的汇水区	476	亚流域	镉	林钟荣等（2012）
SWAT	羊道沟流域	0.2	水文响应单元	泥沙	陈腊娇等（2012）
SWAT	Rock River 流域，美国	71	农田	总磷	Ghebremichael et al.（2010）
SWAT	Lake Kinneret 流域，以色列	167	亚流域	泥沙、总氮、总磷	Markel et al.（2006）
SWAT	洱海流域	2 565	行政区	总氮	Shang et al.（2012）
SWAT	Kapgari 流域，印度	9.73	亚流域	泥沙、硝态氮、溶解态磷	Behera and Panda（2006）
SWAT	Nagwan 流域，印度	92.46	亚流域	有机氮、有机磷、硝态氮、溶解态磷	Tripathi et al.（2003）
AGNPS	五川流域		栅格	总氮、总磷	张玉珍（2007）
AGNPS	Dumpul sub-watershed，印度尼西亚		栅格	泥沙	Nugroho（2003）
GWLF	Saugahatchee Creek 流域，美国	570	亚流域	泥沙、总氮、总磷	Niraula et al.（2013）
GWLF	Lake Kinneret 流域，以色列	167	土地利用类型	泥沙、总氮、总磷	Markel et al.（2006）

（2）资料不充足地区的识别方法

①Norvell 输出系数模型。Norvell et al.（1979）提出一个较为简单的输出系数模型，以预测康涅狄格州 33 个湖泊流域的磷输入对湖泊富营养化的影响。Norvell 模型包括两个简单函数，即浓度因子 F 的函数和氮、磷的输出系数模型函数。考虑浓度因子，是因为可利用流域向湖泊输入的营养物量预测湖水营养物含量；以氮为例，在输出系数模型中，各土地利用类型对氮的贡献与其在流域中的面积成正比，输出系数的取值由不同土地利用类型的径流量及径流中污染物浓度决定。因此，总氮的输入浓度与土地利用类型及其面积紧密相关。函数可表达为：

$$N = F \sum_i a_i x_i / D \qquad (A\text{-}5)$$

式中：N——湖水中总氮的年均浓度；

　　　F——湖水氮的浓度因子；

　　　a_i——第 i 种土地利用类型氮的输出系数；

　　　x_i——第 i 种土地利用类型的面积；

　　　D——平均年径流量。

此后，输出系数模型得到了不断的改进和完善，其中最为重要的进展是 Johnes（1996）在以往模型的基础上提出了更为细致、完备的输出系数模型。虽然基本输出系数模型方便实用，但是由于对土地利用类型输出系数的研究尚不详细，从流域试点得出的输出系数很难准确地运用于全流域或其他流域，这正是这种方法的制约因素。

②Soranno 磷通量系数模型。早期的输出系数法认为某种土地利用类型的磷输出量与该类土地类型的面积呈线性关系。但这种假设通常是不合适的，原因是由于泥沙在输移过程中的截留和沉淀，吸附在泥沙等颗粒物上的磷不可能完全进入受纳水体，从而导致泥沙的输移率（输沙量/侵蚀产沙总量）总是随着流域面积的增大而减小。因此，Soranno et al.（1996）认为预测和评价流域非点源磷负荷时，应当考虑营养物来源与受纳水体之间的距离，并提出了改进的磷输出系数模型。

$$L = \sum_{i=1}^{m} \sum_{j=1}^{n} f_i A_{j,i} T_i^j \qquad (A\text{-}6)$$

式中：L——来自各类土地的总磷负荷，kg/a；

　　　m——土地利用类型的数目；

　　　n——贡献面积内网格数目；

　　　j——各网格距离受纳水体的坡面漫流路径长度，途经的网格个数；

　　　f_i——第 i 类土地利用的磷通量系数，kg/（hm$^2 \cdot$a）；

$A_{j,i}$——距离受纳水体为 j 的第 i 类土地的面积，hm^2；

T——传输系数（$0<T<1$），表示被输移至下一网格的磷所占的比例。

磷通量系数表示磷向下一网格迁移的量，其考虑了磷在迁移过程中的损失，有别于传统的输出系数。该模型不仅沿袭了传统输出系数模型直观简便的特征，还将模型与地理信息系统相结合，可以较容易地获得详细的地形地貌和土地利用等信息，为总磷负荷的预测提供了一个较好的工具。改进后的模型在美国威斯康星州的 Mendota 湖流域得到了很好的应用。

③氮的动态输出系数方程。传统的氮输出系数模型实质上是一种平衡模型，在土地利用方式发生变化时，模型假定原先土地利用方式下土层中的氮被瞬间排出，并迅速与新的土地利用方式达到平衡。这种假设简化了输出系数模型，但增加了预测误差。Worrall 和 Burt（1999）指出土地利用变化带来的土壤污染物和管理状况无法短时间达到平衡，从而使得污染物输出系数的变化有滞后效应，因而在输出系数模型中进一步考虑了土地利用变化对污染物输出系数的影响，提出了流域氮流失模型，具体见式（A-7）。

$$L = \sum A_i E_i I_i + \sum A_j N_0 e^{-\lambda j} + P \tag{A-7}$$

此外，由于永久性草地与耕地之间有机氮含量差异较大，至少在退耕还草后的第一年，草地对氮具有储存作用，之后才逐渐趋于平衡，因此又发展了氮的非平衡模型，见式（A-8）。

$$L = \sum A_i E_i I_i + N_0 \sum A_j e^{-\lambda j} + P - I_p \sum A_k \tag{A-8}$$

考虑到草地土壤有机氮的释放为一阶动力学衰减过程，还建立了有机氮的非平衡动态模型。

$$L = \sum A_i E_i I_i + N_0 \sum A_j e^{-\lambda j} + P - I_p \sum A_k e^{-\mu k} \tag{A-9}$$

式中：L——氮年流失量；

A_j——永久性草地第 j 年翻耕的面积；

N_0——翻耕后第 1 年氮的流失量；

e——自然对数底；

λ——衰减常数；

P——随降雨输入水体的氮量；

A_k——第 k 年恢复或转变为草地的面积；

I_p——新草地的氮输入；

μ——有机氮积累的速率常数。

④PLOAD 模型。PLOAD 模型是 BASINS 系统中用于计算流域非点源污染负荷的模型，由美国 CH_2M HILL 水资源工程小组开发。模型所需的基本资料为：数字高程模型 DEM、流域数字河网、土地利用、降雨径流时各种土地利用类型的非点源产污浓度等。PLOAD 模型采用了输出系数法和简易法两种流域污染负荷计算方法，详见第 2 章所示。本部分重点介绍输出系数的求解方法。

在明确流域土地利用和人类活动情况的基础上，获取输出系数的常用途径是现场监测法和查阅文献法。现场监测即通过不同土地利用类型的实地监测，在 1 年以上时间连续监测的基础上，通过负荷量反推得到输出系数值。该方法的优点在于获取的参数值有较高的精度，能较好地揭示研究区的产污特性，但需进行现场监测，耗时长，费用高。另一种途径是利用前人的研究成果，通过查阅文献资料，获取输出系数值。通过查阅文献获取参数值简便快捷、费用极低，但文献中给出的输出系数多为前人在特定条件下得出的结果，采用这种方法得到的输出系数具有明显的区域特征和不确定性。

在污染物质量守恒的前提下，丁晓雯（2007）提出了一种基于水文水质资料的输出系数确定方法。该方法对参数要求低、无需现场监测、耗时短、费用低、简便可行，且得到的输出系数能反映区域特征，兼具了现场监测法和查阅文献法两者的优点，对我国大、中尺度流域优先控制区识别而言，具有较好的参考价值。

首先根据研究的精度需要，将研究区的土地利用分为 n 种类型，不同土地利用的输出系数为 E_i，共 n 种。在研究区内选取 m（$m>n$）个小流域，根据污染物在流域内输入输出质量守恒原则，对各小流域分别建立产污方程：

$$L = \text{PS} + L_0 + \sum_{i=1}^{n} \alpha\beta E_i[A_i(I_i)] + p \qquad (\text{A-10})$$

式中：i——研究区土地利用种类（共 n 种）；

　　　L——研究区污染物的年负荷量；

　　　PS——研究区点源污染年负荷量；

　　　L_0——流域内非土地利用因素（农村生活、畜禽养殖）的污染年负荷量；

　　　E_i——非点源污染物在流域第 i 种土地利用上的输出系数；

　　　A_i——流域第 i 种土地利用类型的面积；

　　　I_i——非点源污染物在流域第 i 种土地利用上的年输出量。

式（A-10）中，将 E_i 视为未知数，其他参数的求法如下：

$$L = C \times Q / k \qquad (\text{A-11})$$

式中：C——小流域出口非点源污染物的年平均监测浓度；

$\quad\quad Q$——流域出口的年总流量；

$\quad\quad k$——非点源污染物在流域内的损失系数。

$$PS = \frac{C_{枯} \times Q_{枯}}{D_{枯} \times k} \times 365 \quad\quad (A-12)$$

式中：$C_{枯}$——枯水期小流域出口非点源污染物的平均监测浓度；

$\quad\quad Q_{枯}$——枯水期小流域出口的总流量；

$\quad\quad D_{枯}$——小流域枯水期的天数。

$$L_0 = \sum_{j=1}^{n} \alpha\beta E_j [A_j(I_j)] \quad\quad (A-13)$$

式中：j——人或畜禽类型；

$\quad\quad E_j$——人或畜禽非点源污染物的输出系数（该值来自文献）；

$\quad\quad A_j$——人口数或畜禽养殖量；

$\quad\quad I_j$——人或畜禽的非点源污染物的营养物输入量。

由式（A-10）～式（A-13），可得：

$$C \times Q / k = \frac{C_{枯} \times Q_{枯}}{D_{枯} \times k} \times 365 + \sum_{j=1}^{n} \alpha\beta E_j [A_j(I_j)] + \sum_{i=1}^{n} \alpha\beta E_i [A_i(I_i)] + p \quad (A-14)$$

式中：各参数含义同式（A-10）～式（A-13），其中 C、Q、$C_{枯}$、$Q_{枯}$、$D_{枯}$ 可由历史水文水质监测资料直接获得，k 可利用历史水文水质监测资料率定获得，E_j、A_j、I_j、A_i、I_i、p 可通过查阅文献、统计资料和土地利用图并加以计算获得。

通过以上分析，对于非点源污染物，m 个小流域可得到 m 个产污方程，从而构成含 m 个方程的方程组：

$$\begin{cases} C_1 \cdot Q_1 / k_1 = \dfrac{C_{枯1} \times Q_{枯1}}{D_{枯1} \times k_1} \times 365 + \sum_{j=1}^{n} \alpha_1\beta_1 E_j [A_{j1}(I_{j1})] + \sum_{i=1}^{n} \alpha_1\beta_1 E_i [A_{i1}(I_{i1})] + p_1 \\ \cdots \\ C_t \cdot Q_t / k_t = \dfrac{C_{枯t} \times Q_{枯t}}{D_{枯t} \times k_t} \times 365 + \sum_{j=1}^{n} \alpha_t\beta_t E_j [A_{jt}(I_{jt})] + \sum_{i=1}^{n} \alpha_t\beta_t E_i [A_{it}(I_{it})] + p_t \\ \cdots \\ C_m \cdot Q_m / k_m = \dfrac{C_{枯m} \times Q_{枯m}}{D_{枯m} \times k_m} \times 365 + \sum_{j=1}^{n} \alpha_m\beta_m E_j [A_{jm}(I_{jm})] + \sum_{i=1}^{n} \alpha_m\beta_m E_i [A_{im}(I_{im})] + p_m \end{cases}$$

$$(A-15)$$

式中：C_t——第 t 个小流域非点源污染物的年平均浓度；

　　　Q_t——第 t 个小流域的年总流量；

　　　k_t——第 t 个小流域非点源污染物的损失系数；

　　　$C_{枯 t}$——第 t 个小流域出口处非点源污染物在枯水期的平均监测浓度；

　　　$Q_{枯 t}$——第 t 个小流域枯水期流域出口的总流量；

　　　$D_{枯 t}$——第 t 个小流域枯水期的天数；

　　　α_t——第 t 个小流域的降雨影响因子；

　　　β_t——第 t 个小流域的地形影响因子；

　　　A_{jt}——第 t 个小流域的人口数或畜禽养殖量；

　　　I_{jt}——第 t 个小流域人或畜禽的非点源污染物的营养物输入量；

　　　A_{it}——第 t 个小流域的第 i 类土地利用类型的面积；

　　　I_{it}——第 t 个小流域的第 i 类土地利用类型上的非点源污染物年输入量；

　　　p_t——在第 t 个小流域由降雨输入的非点源污染物数量。

通过最优化方法，可以得到非点源污染物在第 i 种土地利用类型的输出系数 E_i。

表 A-6　国内外文献中的磷输出系数

来源		流域						
		Glen Watershed	Windrush Catchment	Slapton Catchment	Laurel Creek	Carroll Creek	黑河流域	三峡库区
农村生活（农村人口）/[kg/（人·a）]		—	0.214	0.380	—	—	—	—
畜禽养殖	大牲/[kg/（头·a）]	—	0.310	0.310				
	猪/[kg/（头·a）]	—	0.142	0.142				
	羊/[kg/（头·a）]	—	0.045	0.045				
	家禽/[kg/（头·a）]	—	0.005	0.005				
自然地	种植用地/[t/（km²·a）]	0.076	0.069	0.063	0.025	0.028	0.090	0.23
	林地/[t/（km²·a）]	0.002	0.002	0.002	0.010	0.015	0.010	0.015
	草地/[t/（km²·a）]	0.020	0.020	0.040	0.020	—	0.050	0.08
	荒地/[t/（km²·a）]	—	—	—	—	0.051	—	0.02
城镇用地/[t/（km²·a）]		—	—	—	0.050	0.050	—	0.18

表A-7 国内外文献中的氮输出系数

来源		Glen Watershed	Windrush Catchment	Slapton Catchment	Laurel Creek	Carroll Creek	Slapton Catchment	渭河临潼断面以上流域	黑河流域	淄河上游流域	渭河流域	三峡库区
农村生活（农村人口）/[kg/（人·a）]		—	2.315	2.140	2.490	—	2.930	1.872	—	—	2.140	—
畜禽养殖	大牲畜[kg/（头·a）]	—	11.887	11.887	—	—	2.644	—	—	10.210	11.200	—
	猪[kg/（头·a）]	—	2.667	2.667	—	—	0.175	—	—	0.740	—	—
	羊[kg/（头·a）]	—	1.513	1.513	—	—	0.207	—	—	0.400	1.530	—
	家禽[kg/（头·a）]	—	0.046	0.046	—	—	—	—	—	0.040	—	—
自然地	种植用地/[t/（km²·a）]	1.700	3.138	3.329	0.700	3.100	2.00	1.625	2.900	0.550	1.318	1.5
	林地/[t/（km²·a）]	2.000	1.300	1.300	0.300	0.300	—	0.238	0.351	—	—	0.25
	草地/[t/（km²·a）]	4.000	1.070	1.604	0.350	1.500	—	—	0.186	—	0.625	0.6
	荒地/[t/（km²·a）]	—	—	—	—	—	—	1.490	0.424	—	—	1.1
城镇用地/[t/（km²·a）]		—	—	—	0.550	0.550	—	1.100	—	2.098	1.100	1.3
水域/[t/（km²·a）]		—	—	—	—	—	—	—	—	1.245	—	1.5

⑤降雨量差值法。蔡明等（2005）利用我国现有的水文站降雨资料和水质资料，建立了一种简单易用的流域非点源污染负荷估算方法，即降雨量差值法。该方法假定，晴天或降雨但不产生地表径流的情况下，流域的污染全部为点源污染，只有当发生暴雨并产生地表径流时，两者才会同时发生。又由于点源污染相对稳定，可认为年内点源污染负荷为一常数；任意两场暴雨（或任意两年）产生的污染负荷（包括点源和非点源）之差应为由于降雨量导致的非点源污染负荷之差。因此，可以建立降雨量差值与污染负荷差值（非点源负荷）之间的相关关系，不必考虑各年因点源污染产生的负荷。

降雨量差值法建模费用小，适用于非点源污染监测资料少的情况，既可预测流域年非点源负荷，又可预测单场降雨产生的非点源负荷，是一种简单有效的流域非点源污染负荷估算方法。而缺点在于，该方法忽略了非点源污染的产生、迁移转化过程机理，模拟精度相对不高。

⑥平均浓度法。该方法本质上根据次降雨径流过程的水量、水质同步监测资料，先计算每次暴雨过程的污染物平均浓度，再以各次暴雨产生的径流量为权重，求出加权平均浓度。

其中，一次暴雨径流过程的污染物平均浓度为：

$$\overline{C} = W_{\mathrm{L}}/W_{\mathrm{A}} \qquad (\mathrm{A}\text{-}16)$$

式中：W_{L}——该次暴雨携带的负荷量，

$$W_{\mathrm{L}} = \sum_{i=1}^{n} (Q_{\mathrm{T}i}C_i - Q_{\mathrm{B}i}C_{\mathrm{B}i})\Delta t_i \qquad (\mathrm{A}\text{-}17)$$

W_{A}——该次暴雨产生的径流量，

$$W_{\mathrm{A}} = \sum_{i=1}^{n} (Q_{\mathrm{T}i} - Q_{\mathrm{B}i})\Delta t_i \qquad (\mathrm{A}\text{-}18)$$

式中：$Q_{\mathrm{T}i}$——t_i 时刻的实测流量，$\mathrm{m^3/s}$；

C_i——t_i 时刻的实测污染物浓度，$\mathrm{mg/L}$；

$Q_{\mathrm{B}i}$——t_i 时刻的枯季流量（即非本次暴雨形成的流量），$\mathrm{m^3/s}$；

$C_{\mathrm{B}i}$——t_i 时刻的基流浓度（枯季浓度），$\mathrm{mg/L}$；

i——该次暴雨径流过程中流量与水质浓度的同步监测次数；

Δt_i 为 $Q_{\mathrm{T}i}$ 和 C_i 的代表时间，

$$\Delta t_i = (t_{i+1} - t_{i-1})/2 \qquad (\mathrm{A}\text{-}19)$$

则多次（如 m 次）暴雨非点源污染物的加权平均浓度为：

$$C = \sum_{i=1}^{m} \overline{C_j} W_{Aj} \Big/ \sum_{j=1}^{m} W_{Aj} \qquad (A\text{-}20)$$

当有长时间系列的实测径流资料时，可直接统计出多年平均径流量，不同频率的年径流量可通过频率分析法得到。对于资料不足或无实测径流资料的流域，多年平均径流量和不同频率的年径流量可采用当地水文手册中的等值线图法等方法推求。年径流量确定以后，为了分割地下水和枯季径流，还需要确定年径流量的年内分配（即分配到各月），可采用典型年同倍比缩放法确定。由于非点源污染负荷主要是由汛期地表径流所携带的，因此，应将年径流过程划分为汛期地表径流量（暴雨径流）和枯季径流量（含汛期基流）这两部分。划分方法可采用水文学中的斜线分割法或统计法。

假定地表径流的平均浓度近似等于上述多场暴雨的加权平均浓度，则非点源污染年负荷量（W_n）为：

$$W_n = W_S W_{SM} \qquad (A\text{-}21)$$

加上枯季径流携带的污染负荷量，可得到年负荷总量：

$$W_T = W_n + W_B C_{BM} \qquad (A\text{-}22)$$

对于具有悬移质泥沙实测资料的流域，还可根据实测的多年平均输沙量或分析得到的不同频率年输沙量计算出修正系数，对计算的年负荷总量进行修正，以便得到更符合实际的结果。

⑦非点源负荷-泥沙关系法。中国绝大多数水文站，特别是北方河流的水文站，都将河流悬移质泥沙作为常规观测项目，因而在我国泥沙实测资料较多。对于无资料流域，也可通过区域侵蚀模数图等方法查算出多年平均输沙量。实用上，考虑到颗粒态污染物迁移是土壤侵蚀与泥沙输移的一部分，许多研究者常常采用富集比概念，通过建立污染负荷与泥沙之间的关系来估算污染负荷，一般表达式为：

$$Y_i = S_{is} \times ER_i \times Y_S \qquad (A\text{-}23)$$

式中：Y_i——第 i 种污染物的负荷量或浓度；

S_{is}——流域内土壤表层中第 i 种污染物的含量；

ER_i——第 i 种污染物的富集比，即河流某断面或流域出口处泥沙中该种污染物的含量与泥沙来源的土壤中污染物含量的比值；

Y_S——河流某断面或流域出口处的输沙量或含沙量。

营养物总负荷量与输沙量之间的关系，需对典型流域的次洪水过程中水质、泥沙、水量同步监测资料进行分析，在扣除基流负荷量的基础上求出各种污染物的次暴雨污染负荷量，进而得到单位面积污染负荷量。然后，根据各次暴雨洪水的单位面积输沙量和单位面积营养物负荷量的分析结果，建立研究区域的非点源营养负荷-泥沙相关关系。

⑧水质水量相关法。从降雨径流污染的形成过程可知，在降雨过程中，只有形成径流，才有可能产生非点源污染。因此，降雨径流污染负荷量与降雨径流量密切相关。根据典型流域的次暴雨水质水量同步监测资料，可建立水质水量相关关系。另一方面，从水文学可知，年径流量可以划分为地表径流和地下（枯季）径流，而降雨径流污染主要是由地表径流引起的。可以设想，如果能够得到地表径流和地下径流的平均浓度，就可以算出降雨径流污染年负荷量与枯季径流的负荷量，二者之和即为年总负荷量。即：

$$W_\mathrm{T} = C_\mathrm{SM}W_\mathrm{S} + C_\mathrm{BM}W_\mathrm{B} \tag{A-24}$$

式中：C_SM、C_BM——地表径流和地下径流的污染物平均浓度；

W_S、W_B——地表径流量和地下水量。

其中，枯季（地下）径流的污染物平均浓度可由定期的水质监测资料得出。在大多数情况下，只有少数几场降雨径流过程的水质水量同步资料，很难直接得到地表径流的平均浓度。如果可以根据次暴雨径流污染监测资料，建立水质水量的相关关系，并将该关系应用于汛期地表径流量推求，即可求出年内降雨径流污染负荷量。再加上枯季径流污染负荷，即可求出不同代表年的污染负荷总量。

⑨土地利用关系法。该方法的基本思路是根据有限的实测资料，建立非点源污染浓度与土地利用之间的定量关系。首先选择典型小流域内降雨情况相近且都有水量水质同步监测资料的场次，对其进行分析与修正，划分土地利用类型。根据土地利用调查结果，从非点源污染产生的角度出发，将土地利用情况划分为不同的土地利用类型，如森林（包括林地和灌林地）、耕地、荒地（疏林、草地和未利用土地）和其他用地（包括居民和工矿用地、交通用地和水域）等。为便于比较和计算，将各土地利用类型进行标准化处理，然后按标准化数值计算各流域的综合变量值。最后，建立标准化后的污染物浓度与综合变量之间的相关关系，并以此预测土地利用改变情况下的非点源污染负荷量。

表 A-8　各统计模型的对比

统计型经验模型	基本资料	优点	局限性
输出系数法	借助 DEM、降雨数据和断面的水质资料获取降雨影响因子和地形影响因子，确定输出系数（包括农村生活的输出系数、畜禽养殖的输出系数和各土地利用类型的输出系数）	模型结构简明、建模费用低、所需参数少、操作简便	对非点源污染发生的机理和过程考虑不足，未考虑流域损失；只能对多年平均情况进行较为客观而稳定的估计，对降雨、地形、土地利用、管理状况等因素变化的灵敏度较差，适用于降雨均匀、地势平坦，且土地利用、管理状况等因素变化不显著的地区。没考虑降雨的时间分布差异，不同水文年间同一营养源采用同一输出系数；没有考虑降雨的空间分布差异，不同地区间同一营养源采用同一输出系数；没有考虑下垫面条件的差异，不同地形同一营养源采用同一输出系数
PLOAD 模型	DEM 和数字河网是划分亚流域的基础资料；土地利用类型，利用 GIS 工具对流域和土地利用空间分布信息进行处理，计算每个亚流域的面源产污负荷；点源污染负荷	利用地理信息系统软件准确定位非点源产出位置，按照不同的土地利用详细计算亚流域上非点源产出量，解决了非点源空间分布不均的问题，输入数据简单，应用方便，能够在数据缺乏的地区应用	同输出系数法，对非点源污染发生的机理和过程考虑不足，未考虑流域损失；只能对多年平均情况进行较为客观而稳定的估计
质量平衡法	实测的污染物浓度，污染源分布	可确定非点源污染的关键发生区	
径流小区监测调查方法	有代表性的径流小区或小流域	获取各种基础数据、实测数据，更有说服力	实验工作量大，耗时耗力

3　基于河流断面污染的识别技术

基于此原理的方法体系包括了源解析技术、溯源技术和水环境模型等方法，具体介绍如下所示。

（1）源解析技术

水体的源解析（Source Apportionment）不仅可定性、定量或半定量地解析出水体内污染物的来源，并可计算出各种源对环境污染的贡献值（分担率）。目前，源解析技术大体可分为 3 种：排放清单（Emission Inventory），以污染源为对象的扩散模型（Diffusion Model），以受污染区域为对象的受体模型（Receptor Model）。扩散模型依托模拟或反演污染物的迁移扩散方式及过程，实现污染物的来源解析，由于模型运行时需输入模拟时段内的污染源排放强度及气象、地形等条件，因而扩散模型数据不易获取且操作过程复杂。目前，源解析技术主要关注受体模型研究，即着眼于研究排放源对受体的贡献。对水环境来说，通过测量污染源与河流断面污染物的物理、化学性质，可定性地识别对水体污染有贡献的污染源并定量地计算各污染源的分担率。目前水环境污染的源解析研究中，受体模型主要包括定性和定量两类，其中定性方法直接利用污染物的化学性质或某些化学参数来辨析污染源，如比值法等；定量方法是基于数学分析的污染源解析方法，能够通过数学推理确定各污染源的贡献率（Chang et al.，2009；Huang et al.，2010；Singh et al.，2005）。现今该方法包括的种类较多，如化学质量平衡法、多元统计法、成分/比值法等。其中研究时间相对较长的是化学质量平衡法（Chemical Mass Balance，CMB）和多元统计法。

①多元统计法：其基本原理在于降维，利用观测信息中物质间的相互关系来产生源成分谱或产生暗示重要排放源类型的因子，主要包括主成分分析及因子分析法。该方法的基本假定为：污染源成分谱在从源到水体这段距离没有显著变化，单个污染物的通量变化与浓度成比例；给定时段内，所有采样点主要受几个相同源的影响，污染物通量是所有已知源通量的总和；源成分谱和贡献率线性无关。

②化学质量平衡法（CMB）：该方法基于质量守恒原理，假定水环境受体中的污染物总量是各个污染源对受体贡献量的线性加和。其基本假定为：各污染源所排放的污染物，其化学组成有明显差别，可用来识别对水环境受体有明显贡献的污染源；各污染源所排放的污染物化学组成相对稳定，化学组成之间没有相互作用，传输过程中的污染物变化可以忽略，并且所有的污染源成分谱线性无关；污染源数量低于或等于化学组分的种类。

③成分/比值法：主要用于对多环芳烃的源解析研究，根据多环芳烃的轻重组分比例、特定组成之间的比值判别其来源，如菲/蒽、荧蒽/芘、芘/苯并芘、苯并蒽/䓛等异构体比例指数作为分子标志物来判别 PAHs 的来源。

表 A-9 源解析技术所需数据

数据类型	数据要素	数据来源
多元统计法	河流断面水质监测数据（要求数据量＞50）	通过设置河流断面进行监测，也可以从有关环境监测部门获取
化学质量平衡法	完整源排放成分谱，河流断面水质监测数据	源排放成分谱的获得十分困难，目前我国对于大气的源排放成分谱资料较多，水环境相关的源排放成分谱可通过实地调研和监测分析获得
成分/比值法	污染物含量	河流断面监测数据

需要指出的是以上几种源解析方法各有其优缺点，需要根据污染物特征、数据的可利用度及相应的环境情况选用合理的方法（郭芬和张远，2008；苏丹等，2009）。因子分析/主成分分析可以通过减少变量数目使问题得以简化，但要得到各类排放源的绝对贡献值，还需要进行回归分析。化学质量平衡法对于源数目多的环境系统更为适用，能精确计算出各个污染源的贡献率，但由于缺乏各类污染源完整的成分谱，加之地区条件差异大，导致该方法在我国的实际应用受到了较大的限制。比值法应用十分简单，但只能用作定性研究。随着其他学科的发展，新的方法也不断应用于源解析研究，目前混合方法已成为必然趋势。如遗传算法可用于化学质量平衡法方程组的求解；投影寻踪回归（Projection Pursuit Regression，PPR）对数据结构或特征无条件限制，直接审视数据就可分析建模，并获得各因子对模型因变量的权重贡献率（苏丹等，2009；许云竹等，2011）。

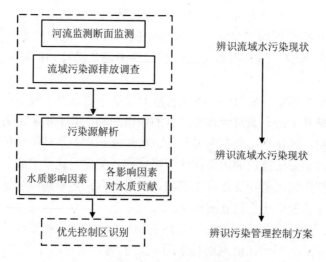

图 A-5 源解析技术流程图

源解析技术能够初步识别或定量解析出河流污染物的来源、种类及贡献率；与地理信息系统结合后，可以使源的解析结果空间化，从而反映污染源的空间变化规律。一定程度上可用于流域尺度的优先控制区识别。但源解析方法均假定了污染源的排放组成和结构是相对稳定的，但事实上污染物从源排放出后，其化学组成在迁移过程中会发生变化。另外，源解析只能解析到水体主要受到哪类污染源的污染，而无法精确到单一污染源的影响，且污染源的分类较为粗糙，难以对具体的污染源进行细化。

（2）溯源技术

溯源研究结合了包括物理、化学、生物科学等多学科知识和先进技术，可以看作是源解析技术的延伸。对不同的污染物而言，其溯源方法不同。

①稳定同位素技术溯源。特定污染源由特定的稳定同位素组成，其组分的含量分析结果精确稳定，在迁移与转化过程中具有组分不变的特点，因此可被应用于污染物来源分析与示踪（白志鹏等，2006）。铅、锶等稳定同位素可用于沉积物中的重金属污染溯源（于瑞莲等，2008）。营养物指标也可利用稀有和丰富物种稳定同位素的化学性质，如原子质量和相对质量差异，进而分辨营养物的来源。目前，N（^{14}N、^{15}N）和 O（^{16}O、^{17}O 和 ^{18}O）都可以作为溯源同位素。

②化学标记物溯源。通常，排放污水和水生环境中含有药物和个人护理产品，因此一些化学物质，如粪便甾醇、咖啡因和人工甜味剂，也可作为下水道污水污染的标记物。

③微生物溯源。主要用于识别水环境中的粪便污染，近年来得到许多关注。对于流域尺度的微生物溯源来说，可以分为地理溯源和数学溯源等两步。其中，采用地理溯源可以确定微生物源的位置，以利于结构性控制措施的实施；数学溯源可确定微生物源的数量（强度）及释放历史，以利于微生物污染负荷削减及水环境恢复。微生物污染溯源方法包括了生物方法、数学建模、优化方法、概率分析及传感技术等，其中生物源示踪法（Biological Source Tracking，BST）应用广泛。

在实际的溯源分析中，考虑到溯源的准确性，可以将几种方法联合使用，如将化学标记物溯源和生物源示踪结合起来。溯源分析与实地调查、数据统计分析或数学模型等相结合，才能得到更为精准的污染源空间分布信息，从而为优先控制区识别提供判定依据。

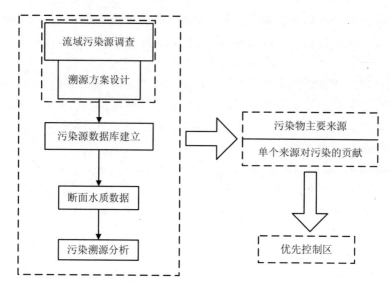

图 A-6　溯源技术流程图

表 A-10　溯源技术所需数据

数据类型	数据要素	数据来源
稳定同位素技术溯源	污染源的稳定同位素组成，断面采样的稳定同位素监测数据	通过河流断面采样分析
抗生素耐药性分析	污染源数据库，断面样品的耐药性数据	通过实验室分析获得数据
DNA 指纹	断面数据	生物体特异的克隆文库，断面样品采用特异性引物扩增的数据

　　通过溯源技术可以识别出关键污染源，实现包括地理位置的准确定位。本方法与河流断面的监测结果结合，对流域优先控制区识别具有重要的作用。但溯源技术难度大、成本高，且不同的污染物的溯源手段不同，这给实际工作造成了一定的困难。

　　（3）水环境模型

　　水质模拟预测是顺利实现水环境规划管理、水污染综合防治等任务不可或缺的基础工作。水环境模型一般依据物质质量守恒和能量守恒原理，通过流体力学中的连续方程、运动方程、能量方程推导得出；进一步考虑水质组分间的相互作用及其自身生化作用影响，得出更加全面、综合的水质模型（Horn et al., 2004）。河流水质模型可分为机理性模型和非机理性模型，机理性模型是对河道水体中污染物随空间和时间迁移转化规律的数学描述，其中涉及许多物理、化学和生物过程，模型大都比较复杂。非机理性模型则只建立输入输出之间的统计关系，其在已知预测范围内往往也可以取得较好的模拟预测效果（汪家权等，2004）。在此介绍几个重要的水环境模型。

①Streeter-Phelps 模型体系。

最早的水质模型，主要假设为：溶解氧浓度（DO）仅取决于 BOD 反应与复氧过程，并认为有厌氧微生物参与的 BOD 衰变反应符合一级反应动力学；水中溶解氧的减少是由于含碳有机物在 BOD 反应中的细菌分解引起的，与 BOD 降解有相同速率；由于氧亏和湍流而引起复氧，复氧速率与水中氧亏成正比。由以上假设得出 BOD-DO 耦合模型方程：

$$\frac{\partial L}{\partial t} + u\frac{\partial L}{\partial x} = D\frac{\partial^2 L}{\partial x^2} - K_1 L \tag{A-25}$$

$$\frac{\partial C}{\partial t} + u\frac{\partial C}{\partial x} = D\frac{\partial^2 C}{\partial x^2} - K_1 L + K_2(C_s - C) \tag{A-26}$$

式中：L, C——河水中的 BOD、DO 浓度；

　　　　u——河水流速；

　　　　C_s——河水中饱和溶解氧浓度，与温度有关；

　　　　D——弥散系数，L^2/T；

　　　　K_1, K_2——河水中 BOD 降解速度常数，复氧速度常数，T^{-1}。

Streeter-Phelps 模型经过发展，又出现了很多修正形式，如 Thomas 模型、Dobbins-Camp 模型等。这些修正形式在原模型基础上，增加了其他影响因素（如沉淀、悬浮、吸附及再悬浮等过程）引起的 BOD 速率变化、因底泥释放 BOD 和地表径流引起的 BOD 变化及藻类光合作用和呼吸作用引起的溶解氧变化等。

②QUAL 模型体系。

美国国家环境保护局（USEPA）于 1970 年推出 QUAL-1 水质综合模型，后经多次修订和增强，已可用于研究污染源输入对受纳河流水质的影响，也可用于非点源问题的研究。它既可作为稳态模型，也可作为时变的动态模型。模型允许河流有多个排污口、取水口及支流模型，允许入流量有缓慢变化。QUAL 模型假设在河流中的物质主要迁移方式是平移和弥散，且认为这种迁移只发生在河道或水道的纵轴方向上，因此是一维水质综合模型。其基本方程是平移-弥散质量迁移方程，同时考虑了水质组分间的相互作用以及组分外部源和汇对组分浓度的影响。对任意的水质变量 C，方程均可写为如下形式（方程右边的 4 项分别代表扩散、平流、组分反应和组分外部源汇项）：

$$\frac{\partial M}{\partial t} = \frac{\partial (A_x D_L \frac{\partial C}{\partial x})}{\partial x} dx - \frac{\partial (A_x \bar{u} C)}{\partial x} dx + (A_x dx) \frac{dC}{dt} + s \qquad （A-27）$$

式中：M——所考察的物质质量；

    C——组分浓度；

    x——所考察的距离；

    t——时间；

    A_x——距离 x 处的河流断面面积；

    D_L——纵向弥散系数；

    u——平均流速；

    s——组分的外部源和汇。

③WASP 模型体系。

WASP 模型（Water Quality Analysis Simulation Program）是美国国家环境保护局提出的水质模型系统，可用于对河流、湖泊、河口、水库、海岸的水质模拟。该模型包括了两个独立的计算程序：水动力学程序 DYNHYD 和水质程序 WASP，它们可以联合运行，也可以独立运行。其基本程序中包括了对流、弥散、点杂质负荷与扩散杂质负荷以及边界的交换等随时间变化的过程。模型基本公式如下：

$$\frac{\partial}{\partial t}(AC) = \frac{\partial}{\partial x}(-U_x AC + E_x A \frac{\partial C}{\partial x}) + A(S_L + S_B) + AS_K \qquad （A-28）$$

式中：C——组分浓度；

    t——时间；

    A——横截面积；

    U_x——纵向速度；

    E_x——纵向弥散系数；

    S_L，S_B，S_K——直接与弥散负荷率、边界负荷率、总动力输移率。

除此之外，比较著名的水环境机理模型还包括了 Mike 模型系列、EFDC 模型等，可用于不同条件的水质模拟。而非机理型水质模拟预测方法则包括了马尔科夫链模型法、灰色模型法、时间序列法等，以及自组织法、神经网络法等，在此不做一一介绍。通常，水环境模型所需数据为流域空间信息、边界条件和初始条件、流域气象数据和河流断面资料。模型模拟流程图如图 A-7 所示。

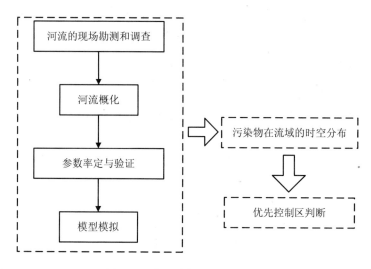

图 A-7 水环境模型技术流程图

水环境模型可以模拟污染物在流域时空上的变化，根据模拟结果可以判定污染物的分布情况，从而判定优先控制区。由于考虑了影响水体污染的综合因素，并通过一定的假设对这些影响因素进行了概化，从而提高了优先控制区识别的精度。但水环境模型并不能清晰地描述污染物在介质中的迁移转化过程，近似的假设仍可能导致模拟较大地偏离真实情况；同时水环境机理模型一般比较复杂，导致许多参数难以较准确度量和估值，参数的随机性也会引起结果的不确定性。

4 传统方法的改进

本节主要介绍了传统优先控制区识别方法的改进，主要包括马尔科夫模型、基于措施效果评价的识别技术和基于模型耦合的综合识别技术。

（1）基于马尔科夫模型的识别技术

马尔科夫分析法是一种分析随机事件发展变化趋势的技术方法，空间马尔科夫链是利用某一单元当前状态去预测紧邻汇水单元状态的方法，这与流域上下游关系和污染物迁移过程在本质上是一致的（Grimvall and Stalnacke，1996）。因此，通过利用空间马尔科夫链处理上下游关系和污染物转移关系，并进一步采用转移概率矩阵评估不同汇水单元对流域水环境的影响，是基于贡献量的优先控制区识别的基本思路。该过程中，在给定当前知识或信息的情况下，过去（即当期以前的历史状态）对于预测将来（即当期以后的未来状态）是无关的。假设马尔科夫过程 $\{X_n, n \in T\}$ 的参数集 T 是离散的时间集合，即 $T = \{0,1,2,\cdots\}$ ，其相应的 X_n 可能取值的全体组成状态空间是离散的状态空间 $I = \{1,2,\cdots\}$ 。

定义一：设有随机过程 $\{X_n, n \in T\}$ ，若对任意的整数 $n \in E$ 及任意 i_0， $i_1\cdots$， $i_{n+1} \in I$ ，条件概率满足：

$$P = \{X_{n+1} = i_{n+1} | X_0 = i_0,\ X_1 = i_1\cdots,\ X_n = i_n\} = P = \{X_{n+1} = i_{n+1} | X_n = i_n\} \quad （A\text{-}29）$$

如果 X_{n+1} 对于过去状态的条件概率分布仅是 X_n 的一个函数，则称 $\{X_n, n \in T\}$ 为马尔科夫链，检测后能够为马氏链。

定义二：如果 X 在时间 $n+k$ 的状态 $X_{n+k} = i_{n+k}$ 的概率只与时刻 n 的状态 $X_n = i_n$ 有关，而与时刻 n 以前的状态无关，它就是马氏链的数学表述之一。在马尔科夫分析中，引入状态转移矩阵（又叫跃迁矩阵）的概念。所谓状态是指客观事物可能出现或存在的状态；状态转移是指客观事物由一种状态转移到另一种状态的概率。当 $k=1$ 的时候则称为 X 在时刻 n 的一步转移概率：

$$P\{X_{n+1} = i_{n+1} | X_n = i_n\} = P = \{X_{n+1} = j | X_n = i\} = P_{ij}(n) \quad （A\text{-}30）$$

它表示与时刻 n 取状态 $X_n = i$ 的条件下，在时刻 $n+1$ 取状态 $X_{n+1} = j$ 的条件概率。由于从状态 i 出发，经过一步转移后，必然达到状态空间 E 的一个状态且只能达到一个状态，因此，一步转移概率 $P_{ij}(n)$ 应满足以下条件：

$$① 0 < P_{ij}(n) < 1,\ i,j \in E ; \qquad ② \sum_{j \in E} p_{ij}(n) = 1, i \in E \quad （A\text{-}31）$$

如果固定时刻 $n \in T$ ，则由一步转移概率 $p_{ij}(n)$ 为元素构成的矩阵（状态空间 $E = \{0,1,2\cdots\}$ ）

$$P = \begin{bmatrix} p_{00}(n) & p_{01}(n) & p_{02}(n) & \cdots \\ p_{10}(n) & p_{11}(n) & p_{12}(n) & \cdots \\ p_{20}(n) & p_{21}(n) & p_{22}(n) & \cdots \\ \cdots & \cdots & \cdots & \cdots \end{bmatrix} \quad （A\text{-}32）$$

称为在时刻 n 的一步转移概率矩阵（或一步转移矩阵）。

如果状态空间是有限集 $E = \{0,1,2,\cdots,k\}$ ，则称， $n = \{0,1,2,\cdots\}$ 为有限状态马氏链。对应时刻 n 的一步转移矩阵为：

$$P=\begin{bmatrix} p_{00}(n) & p_{01}(n) & \cdots & p_{0k}(n) \\ p_{10}(n) & p_{11}(n) & \cdots & p_{1k}(n) \\ \vdots & \vdots & \vdots & \vdots \\ p_{k0}(n) & p_{k1}(n) & \cdots & p_{kk}(n) \end{bmatrix} \qquad （A-33）$$

如果马氏链一步转移概率 $p_{ij}(n)$ 与 n 无关，即无论在何时刻 n，从状态 i 出发，经过一步转移达到状态 j 的概率都相等：

$$P\{X_{n+1}=j|X_n=i\}=p_{ij}，（m=0,1,2,\cdots; \ i,\ j \in E） \qquad （A-34）$$

则称此马氏链为齐次马氏链（即关于时间为齐性的）。对于齐次马氏链，其一步转移矩阵为：

$$P=\begin{bmatrix} p_{00} & p_{01} & p_{02} & \cdots \\ p_{10} & p_{11} & p_{12} & \cdots \\ p_{20} & p_{21} & p_{22} & \cdots \\ \cdots & \cdots & \cdots & \cdots \end{bmatrix} \qquad （A-35）$$

且满足：

$$①\ 0<P_{ij}(n)<1，\ i,j \in E；\qquad ②\ \sum_{j \in E} p_{ij}(n)=1, i \in E \qquad （A-36）$$

称任一具有以上性质的矩阵为随机矩阵，应用中重复独立实验序列、直线上的随机游动等均为齐次马氏链。该方法的 Matlab 伪代码如下。

```
Function z=HnVE(H，R，E，n，k)
    y=H*(eye(n，n)-R);
    for i=1:1:n
    y(k，i)=0;
    end
y(k，k)=1;
v=zeros(n，1);
v(k)=1;
z=y^n*v;
z=diag(z)*E';
end
```

（2）基于措施效果评估的识别技术

推广实施"最佳管理措施"（Best Management Practices，BMPs）是进行农业非点源污染控制的有效手段，并在国内外得到了十分广泛的应用。BMPs 主要通过在源头上减少非点源污染物的产生，同时在污染物运移过程中进行拦截并促进其向无害形态的转化。大量研究表明，执行 BMPs 可以有效消除或减少因农业非点源引起的水环境污染。国内外对此均有较多探讨，并积极付诸管理实践，包括优先控制区或关键源区识别、BMPs 优化、最大日负荷总量及其他立法管理等（孟凡德，2013；欧洋，2008）。

基于措施效果的优先控制区识别，以措施对污染负荷的削减量为评价标准，按措施削减率大小对各汇水单元进行排序，以此开展优先控制区识别。本方法的核心理念是：在有限资金及人力条件下，通过 BMPs 的时空优化配置，实现区域或流域尺度非点源污染的有效控制。基于最佳管理措施效果的优先控制区识别，能够有效估计区域污染负荷的削减量，实现高效益低成本的非点源污染控制。但合理的 BMPs 选择难度较大，已有研究中常常缺乏针对非点源控制效果的 BMPs 选择。研究表明，BMPs 措施往往对某种污染物的削减有积极作用，但增大了其他污染物的流失风险。在未来的工作中，建议在控制措施空间优化配置方案的基础上，通过措施的成本-效益分析所确定的成本效益曲线筛选优先控制区。

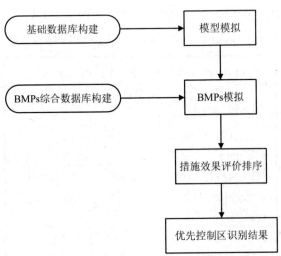

图 A-8　基于措施效果评价的技术流程图

（3）基于模型耦合的综合识别技术

①面源污染过程整合模型（IMPULSE 模型）是由清华大学环境科学与工程系学者在美国农业部 AGNPS 模型的基础上开发的面源污染负荷模型（石峰等，2005）。该模型的径流计算部分采用 SCS 水文方程，土壤侵蚀模块采用改进的通用土壤流失方程 MUSLE，而污染物则被分为溶解态和吸附态分别进行模拟。该模型沿用了 AGNPS 模型的分布式结构，将研究区域划分为正方形网格，计算每个网格内的暴雨径流和面源污染产生量，然后根据流域地形数据确定每个网格的径流流向，利用网格间的上下游关系模拟污染物迁移路径，最后根据以上两个部分确定流域出口处的累计径流量和污染输出量。参数的分布结构很适合模拟土地类型破碎度很高的中国农村地区，而且模型计算结果不仅包含了整个流域的径流产生量和污染物的输出量，还给出了每个单元格的污染物产生情况，这种划分精度有利于对污染源空间分布的识别分析，从而为流域非点源污染控制措施的选择提供决策支持。

②综合水质模型是由王宏等（1995）耦合河流、水库水质模型与非点源水质模型最终构建的中小尺度流域模型系列，其中河流水质模型采用的是美国国家环境保护局推出的 QUAL-II FU 模型，它将水文模型、BOD-DO 耦合模型、营养物质转化模型和藻类生长动力学模型结合在一起，可模拟河流中有机物、溶解氧、三氮、溶解性与悬浮态总氮、总磷以及藻类生物量等水质指标的动态变化；而水库数值模型包括了峡山水库等子模型，采用经验统计模型进行营养物负荷模拟；非点源污染模型则根据流域土地利用类型和径流监测数据筛选最为合理的模型。

5　部分工具的下载地址

为了便于读者的使用，本书部分罗列了我们收集到的传统优先控制区识别方法的下载地址。

表 A-11　传统模型、软件的下载地址

大类	模型名称	下载地址
流域水文模型	磷指数（Phosphorus Index，PI）PI for Minnesota	http://www.mnpi.umn.edu/
	BASINS	http://water.epa.gov/scitech/datait/models/basins/
	SWAT	http://swat.tamu.edu/
	AGNPS/AnnAGNPS	http://www.nrcs.usda.gov/wps/portal/nrcs/detailfull/national/water/? cid=stelprdb1043591
	HSPF	http://water.usgs.gov/software/HSPF/
	SWMM	http://www.epa.gov/nrmrl/wswrd/wq/models/swmm/
	USLE	http://passel.unl.edu/pages/informationmodule.php? idinformationmodule= 1088801071&topicorder=15&maxto=16
	PLOAD	http://water.epa.gov/scitech/datait/models/basins/download.cfm
	TOPMODEL	http://www.es.lancs.ac.uk/hfdg/freeware/hfdg_freeware_top.htm
河流水质模型	QUAL2K（River and Stream Water Quality Model）	http://www.epa.gov/athens/wwqtsc/html/qual2 k.html
	CE-QUAL-W2	http://www.ce.pdx.edu/w2/
	WASP（Water Quality Analysis Simulation Program）	http://www.epa.gov/athens/wwqtsc/html/wasp.html
其他	ArcGIS	http://www.esri.com/software/arcgis
	SPSS	http://www-01.ibm.com/software/analytics/spss/downloads.html
	MATLAB	https://www.mathworks.cn/programs/nrd/submission_request.html? campaign_name=matlab_trial_request&ref=ggl

参考文献

[1]　白志鹏, 张利文, 彭林, 等. 稳定同位素在污染物溯源与示踪中的应用[J]. 城市环境与城市生态, 2006, 19（4）: 29-32.

[2]　蔡明, 李怀恩, 庄咏涛. 估算流域非点源污染负荷的降雨量差值法[J]. 西北农林科技大学学报: 自然科学版, 2005, 33（4）: 102-106.

[3]　陈腊娇, 朱阿兴, 秦承志, 等. 流域土壤侵蚀关键源区的效益评价[J]. 资源与生态学报: 英文版, 2012, 3（2）: 138-143.

[4]　陈云浩, 李晓兵. 1983—1992 年中国陆地 NDVI 变化的气候因子驱动分析[J]. 植物生态学报, 2001, 25（6）: 716-720.

[5]　邓欧平, 孙嗣旸, 吕军. 长乐江流域非点源氮素污染的关键区识别[J]. 环境科学学报,

2013, 33 (8): 2307-2313.

[6]　丁晓雯. 长江上游非点源污染时空变化规律研究[D]. 北京：北京师范大学，2007.

[7]　郭芬，张远. 水环境中 PAHs 源解析研究方法比较[J]. 环境监测管理与技术，2008，20 (5): 11-16.

[8]　李晓兵，史培军. 中国典型植被类型 NDVI 动态变化与气温、降水变化的敏感性分析[J]. 植物生态学报，2000，24 (3): 379-382.

[9]　林钟荣，郑一，向仁军，等. 重金属面源污染模拟及其不确定性分析——以湘江株洲段镉污染为例[J]. 长江流域资源与环境，2012，21 (9): 1112-1118.

[10]　孟凡德. 基于潮河流域非点源污染分布特征的 BMPs 优化配置研究[D]. 北京：首都师范大学，2013.

[11]　欧洋. 基于 GIS 的流域非点源污染关键源区识别与控制[D]. 北京：首都师范大学，2008.

[12]　朴世龙，方精云. 最近 18 年来中国植被覆盖的动态变化[J]. 第四纪研究，2001，21 (4): 294-302.

[13]　朴世龙，方精云. 1982—1999 年青藏高原植被净第一性生产力及其时空变化[J]. 自然资源学报，2002，17 (3): 373-380.

[14]　齐述华，王长耀，牛铮. 利用温度植被旱情指数（TVDI）进行全国旱情监测研究[J]. 遥感学报，2003，7 (5): 420-427.

[15]　石峰，杜鹏飞，张大伟，等. 滇池流域大棚种植区面源污染模拟[J]. 清华大学学报：自然科学版，2005，45 (3): 363-366.

[16]　苏丹，唐大元，刘兰岚，等. 水环境污染源解析研究进展[J]. 生态环境学报，2009，18 (2): 749-755.

[17]　孙睿，刘昌明，李小文. 利用累积 NDVI 估算黄河流域年蒸散量[J]. 自然资源学报，2003，18 (2): 155-160.

[18]　汪家权，陈众，武君. 河流水质模型及其发展趋势[J]. 安徽师范大学学报：自然科学版，2005，27 (3): 242-247.

[19]　王宏，杨为瑞. 中小流域综合水质模型系列的建立[J]. 重庆环境科学，1995，17 (1): 45-48.

[20]　辛景峰，宇振荣. 利用 NOAA NDVI 数据集监测冬小麦生育期的研究[J]. 遥感学报，2001，5 (6): 442-447.

[21]　徐雨晴，陆佩玲，于强. 气候变化对植物物候影响的研究进展[J]. 资源科学，2004，26 (1): 129-136.

[22]　许云竹，花修艺，董德明，等. 地表水环境中 PAHs 源解析的方法比较及应用[J]. 吉林大学学报：理学版，2011，49 (3): 565-574.

[23]　杨胜天，刘昌明，王鹏新. 黄河流域土壤水分遥感估算[J]. 地理科学进展，2003，22 (5):

454-462.

[24] 于瑞莲，胡恭任，袁星，等. 同位素示踪技术在沉积物重金属污染溯源中的应用[J]. 地球与环境，2008，36（3）：245-250.

[25] 张远东，徐应涛，顾峰雪，等. 荒漠绿洲 NDVI 与气候、水文因子的相关分析[J]. 植物生态学报，2003，27（6）：816-821.

[26] 张玉珍. 福建盆谷型农业小流域氮磷流失模式分析——以漳州市五川流域为例[J]. 福州大学学报：自然科学版，2007，35（4）：641-645.

[27] Agnew L J，Lyon S，Gerard-Marchant P，et al. Identifying hydrologically sensitive areas：bridging the gap between science and application[J]. Journal of Environmental Management，2006，78（1）：63-76.

[28] Arnold J G，Moriasi D N，Gassman P W，et al. SWAT：model use，calibration，and validation[J]. Transactions of the ASABE，2012，55（4）：1491-1508.

[29] Arnold J G，Srinivasan R，Muttiah R S，et al. Large area hydrologic modeling and assessment part I：Model development1[J]. JAWRA Journal of the American Water Resources Association，1998，34（1）：73-89.

[30] Behera S，Panda R K. Evaluation of management alternatives for an agricultural watershed in a sub-humid subtropical region using a physical process based model[J]. Agriculture，Ecosystems & Environment，2006，113（1）：62-72.

[31] Bolinder M A，Simard R R，Beauchemin S，et al. Indicator of risk of water contamination by P for soil landscape of Canada polygons[J]. Canadian Journal of Soil Science，2000，80（1）：153-163.

[32] Borah D K，Bera M. Watershed-scale hydrologic and nonpoint-source pollution models：review of mathematical bases[J]. Transactions of the ASABE，2003，46（6）：1553-1566.

[33] Birr A S，Mulla D J. Evaluation of the phosphorus index in watersheds at the regional scale[J]. Journal of Environmental Quality，2001，30（6）：2018-2025.

[34] Chang H，Wan Y，Hu J. Determination and source apportionment of five classes of steroid hormones in urban rivers[J]. Environmental Science & Technology，2009，43（20）：7691-7698.

[35] Coale F J，Sims J T，Leytem A B. Accelerated deployment of an agricultural nutrient management tool[J]. Journal of Environmental Quality，2002，31（5）：1471-1476.

[36] DeBoer D H，Froehlich W，Mizuyama T，et al. Erosion prediction in ungauged basins：Integrating methods and techniques[M]. IAHS，2003.

[37] DeLaune P B，Moore P A，Carman D K，et al. Evaluation of the phosphorus source component in the phosphorus index for pastures[J]. Journal of Environmental Quality，2004，33（6）：

2192-2200.

[38]　Gburek W J，Sharpley A N，Heathwaite L，et al. Phosphorus management at the watershed scale：A modification of the phosphorus index[J]. Journal of Environmental Quality，2000，29（1）：130-144.

[39]　Ghebremichael L T，Veith T L，Watzin M C. Determination of critical source areas for phosphorus loss：Lake Champlain basin，Vermont[J]. Transactions of the ASABE，2010，53（5）：1595-1604.

[40]　Ghebremichael L T，Veith T L，Hamlett J M. Integrated watershed-and farm-scale modeling framework for targeting critical source areas while maintaining farm economic viability[J]. Journal of Environmental Management，2013，114：381-394.

[41]　Grimvall A，Stalnacke P. Statistical methods for source apportionment of riverine loads of pollutants[J]. Environmetrics，1996，7（2）：201-213.

[42]　Heathwaite L，Sharpley A，Gburek W. A conceptual approach for integrating phosphorus and nitrogen management at watershed scales[J]. Journal of Environmental Quality，2000，29（1）：158-166.

[43]　Horn A L，Rueda F J，Hormann G，et al. Implementing river water quality modelling issues in mesoscale watershed models for water policy demands - an overview on current concepts，deficits，and future tasks[J]. Physics and Chemistry of the Earth，2004，29（11-12）：725-737.

[44]　Huang F，Wang X，Lou L，et al. Spatial variation and source apportionment of water pollution in Qiantang River（China） using statistical techniques[J]. Water Research，2010，44（5）：1562-1572.

[45]　Huang Z，Tian Y，Xiao W. AGNPS model and factors affecting its prediction deviation[J]. 2008，27（10）：1806-1813.

[46]　Jiang D，Wang N，Yang X，et al. Study on the interaction between NDVI profile and the growing status of crops[J]. Chinese Geographical Science，2003，13（1）：62-65.

[47]　Johnes P J. Evaluation and management of the impact of land use change on the nitrogen and phosphorus load delivered to surface waters：the export coefficient modelling approach[J]. Journal of Hydrology，1996，183（3）：323-349.

[48]　Lemunyon J L，Gilbert R G. The concept and need for a phosphorus assessment tool[J]. Journal of Production Agriculture，1993，6（4）：483-486.

[49]　Mallarino A P，Stewart B M，Baker J L，et al. Phosphorus indexing for cropland: overview and basic concepts of the Iowa phosphorus index[J]. Journal of Soil and Water Conservation，2002，57（6）：440-447.

[50] Markel D，Somma F，Evans B. Using a GIS transfer model to evaluate pollutant loads in the Lake Kinneret watershed，Israel[J]. Water Science & Technology，2006，53（10）：75-82.

[51] McFarland A，Hauck L，White J，et al. Manure management in harmony with the environment and society[J]. SWCS，Ames，IA，1998.

[52] Migliaccio K W，Srivastava P. Hydrologic components of watershed-scale models[J]. Trasactions of the ASABE，2007，50（5）：1695-1703.

[53] Niraula R，Kalin L，Srivastava P，et al. Identifying critical source areas of nonpoint source pollution with SWAT and GWLF[J]. Ecological Modelling，2013，268：123-133.

[54] Norvell W A，Frink C R，Hill D E. Phosphorus in Connecticut lakes predicted by land use[J]. Proceedings of the National Academy of Sciences，1979，76（11）：5426-5429.

[55] Obropta C C，Kardos J S. Review of urban stormwater quality models：deterministic，stochastic，and hybrid approaches[J]. Journal of the American Water Resources Association，2007，43（6）：1508-1523.

[56] Poudel D D，Lee T，Srinivasan R，et al. Assessment of seasonal and spatial variation of surface water quality，identification of factors associated with water quality variability，and the modeling of critical nonpoint source pollution areas in an agricultural watershed[J]. Journal of Soil and Water Conservation，2013，68（3）：155-171.

[57] Qiu Z Y. Assessing critical source areas in watersheds for conservation buffer planning and riparian restoration[J]. Environmental Management，2009，44（5）：968-980.

[58] Shang X，Wang X，Zhang D，et al. An improved SWAT-based computational framework for identifying critical source areas for agricultural pollution at the lake basin scale[J]. Ecological Modelling，2012，226：1-10.

[59] Sharpley A N，McDowell R W，Weld J L，et al. Assessing site vulnerability to phosphorus loss in an agricultural watershed[J]. Journal of Environmental Quality，2001，30（6）：2026-2036.

[60] Sims J T，Simard R R，Joern B C. Phosphorus loss in agricultural drainage：historical perspective and current research[J]. Journal of Environmental Quality，1998，27（2）：277-293.

[61] Singh K P，Malik A，Sinha S. Water quality assessment and apportionment of pollution sources of Gomti river（India）using multivariate statistical techniques-a case study[J]. Analytica Chimica Acta，2005，538（1）：355-374.

[62] Soranno P A，Hubler S L，Carpenter S R，et al. Phosphorus loads to surface waters：a simple model to account for spatial pattern of land use[J]. Ecological Applications，1996，6（3）：865-878.

[63] Tripathi M P，Panda R K，Raghuwanshi N S. Identification and prioritisation of critical

sub-watersheds for soil conservation management using the SWAT model[J]. Biosystems Engineering，2003，85（3）：365-379.

[64]　Tucker C J. Red and photographic infrared linear combinations for monitoring vegetation[J]. Remote Sensing of Environment，1979，8（2）：127-150.

[65]　Worrall F，Burt T P. The impact of land-use change on water quality at the catchment scale：the use of export coefficient and structural models[J]. Journal of Hydrology，1999，221（1）：75-90.

附录 B
彩 图

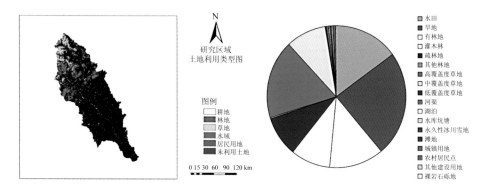

图 B-1 研究区土地利用分布及统计百分比

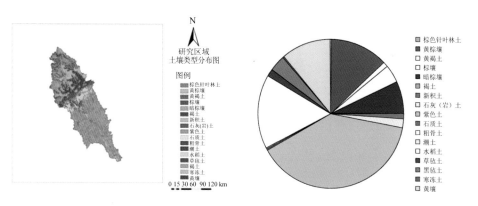

图 B-2 研究区土壤分布及统计百分比

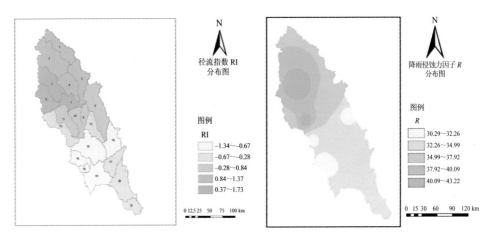

图 B-3　研究区域径流指数的计算结果　　　　图 B-4　降雨侵蚀力因子 *R* 的计算结果

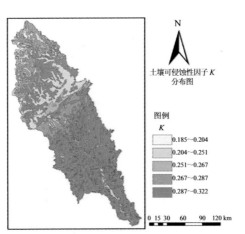

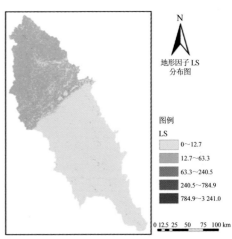

图 B-5　土壤可侵蚀性因子 *K* 的计算结果　　　图 B-6　地形因子 LS 的计算结果

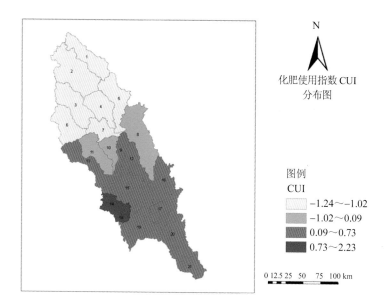

图 B-7 化肥使用指数 CUI 的计算结果

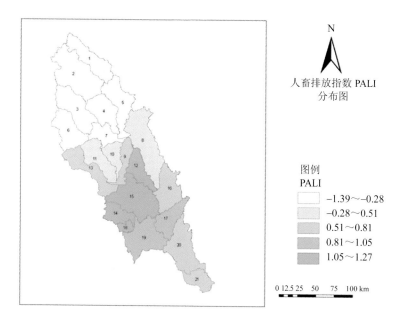

图 B-8 人畜排放指数 PALI 的计算结果

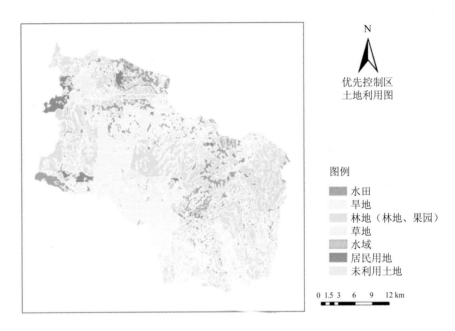

图 B-9   优先控制区土地利用图

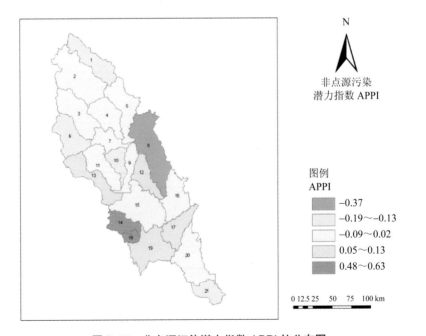

图 B-10   非点源污染潜力指数 APPI 的分布图

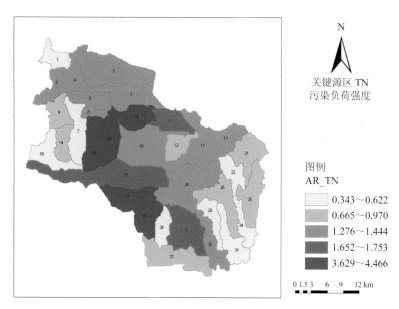

图 B-11 总氮污染负荷产生量的分布图

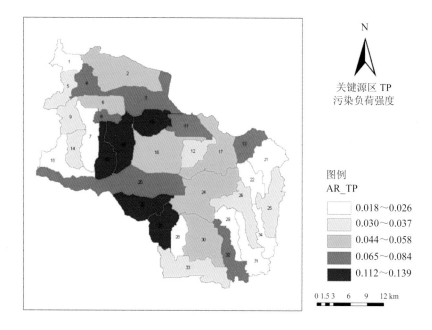

图 B-12 总磷污染负荷产生量的分布图

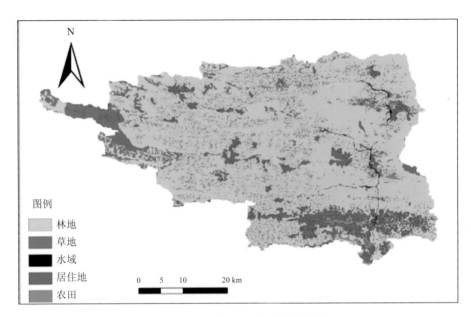

图 B-13　大宁河流域土地利用图

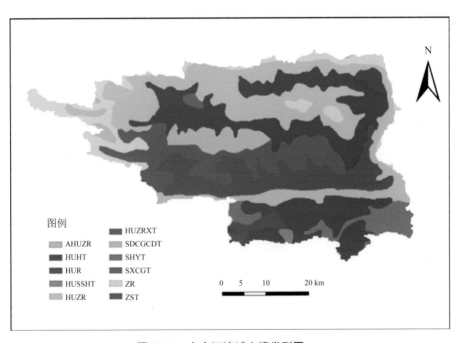

图 B-14　大宁河流域土壤类型图

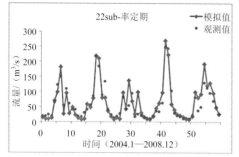

（1）流量率定期

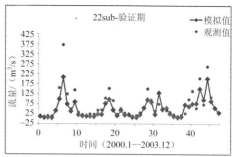

（2）流量验证期

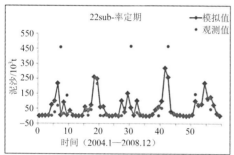

（3）泥沙率定期

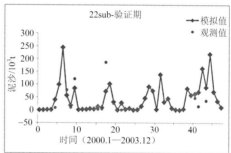

（4）泥沙验证期

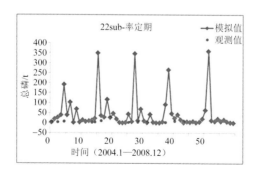

（5）总磷率定期

图 B-15　模型率定验证结果

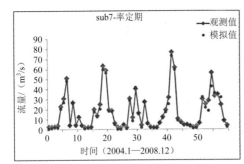

（1）流量率定期

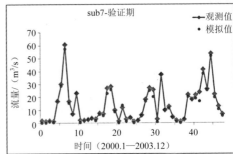

（2）流量验证期

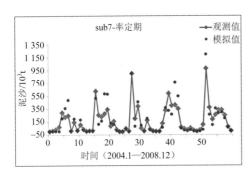

（3）泥沙率定期

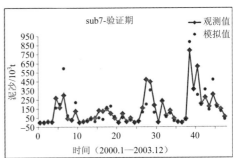

（4）泥沙验证期

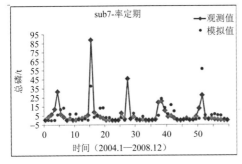

（5）总磷率定期

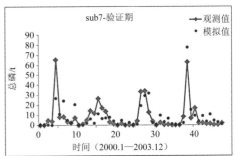

（6）总磷验证期

图 B-16　参数率定和验证结果图（46 个亚流域划分方案）

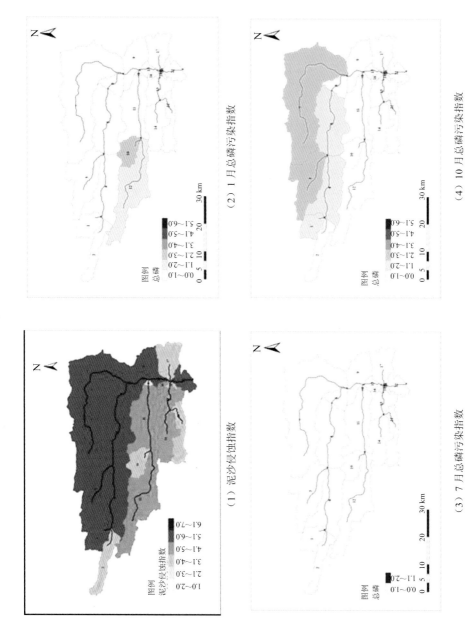

（1）泥沙侵蚀指数

（2）1 月总磷污染指数

（3）7 月总磷污染指数

（4）10 月总磷污染指数

图 B-17 非点源污染优先控制区识别结果（2001 年）

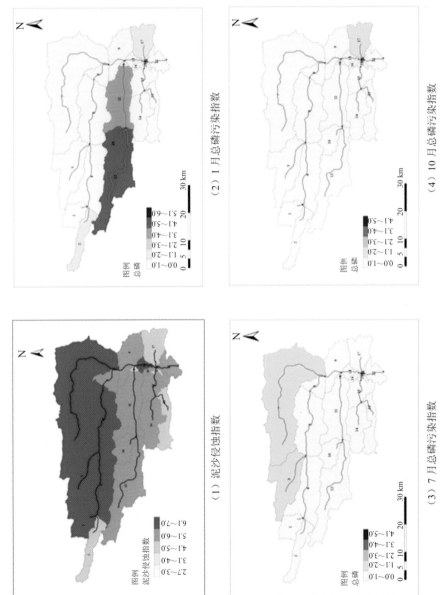

（1）泥沙侵蚀指数

图例
泥沙侵蚀指数
6.1～7.0
5.1～6.0
4.1～5.0
3.1～4.0
2.7～3.0

（2）1 月总磷污染指数

图例
总磷
5.1～6.0
4.1～5.0
3.1～4.0
2.1～3.0
1.1～2.0
0.0～1.0

（3）7 月总磷污染指数

图例
总磷
4.1～5.0
3.1～4.0
2.1～3.0
1.1～2.0
0.0～1.0

（4）10 月总磷污染指数

图例
总磷
4.1～5.0
3.1～4.0
1.1～2.0
0.0～1.0

图 B-18　非点源污染优先控制区识别结果（2004 年）

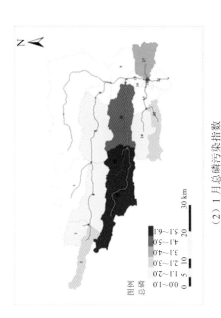

（1）泥沙侵蚀指数

图例
泥沙侵蚀指数
　7.1~7.7
　6.1~7.0
　5.1~6.0
　4.1~5.0
　3.2~4.0

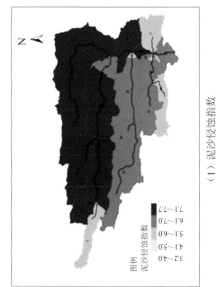

（3）7 月总磷污染指数

图例
总磷
　0.0~1.0
　1.1~2.0
　2.1~3.0
　3.1~4.0
　4.1~5.0
　5.1~6.0

30 km

（2）1 月总磷污染指数

图例
总磷
　0.0~1.0
　1.1~2.0
　2.1~3.0
　3.1~4.0
　4.1~5.0
　5.1~6.1

30 km

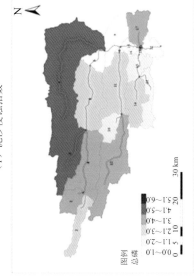

（4）10 月总磷污染指数

图例
总磷
　0.0~1.0
　1.1~2.0
　2.1~3.0
　3.1~4.0
　4.1~5.0
　5.1~6.0

30 km

图 B-19　非点源污染优先控制区识别结果（2008 年）

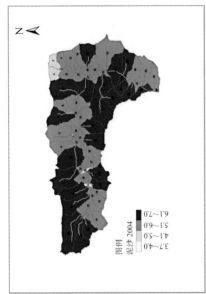

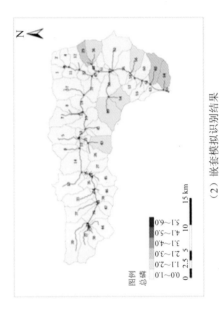

（1）80 个亚流域识别结果

（2）嵌套模拟识别结果

图 B-20　泥沙优先控制区识别结果对比（2004 年）

（1）80 个亚流域识别结果

（2）嵌套模拟识别结果

图 B-21　总磷污染优先控制区识别结果对比（2004 年 1 月）

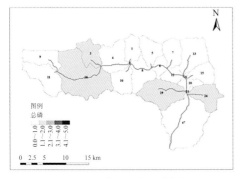

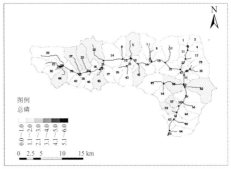

（1）80 个亚流域识别结果　　　　　　（2）嵌套模拟识别结果

图 B-22　总磷污染优先控制区识别结果对比（2004 年 7 月）

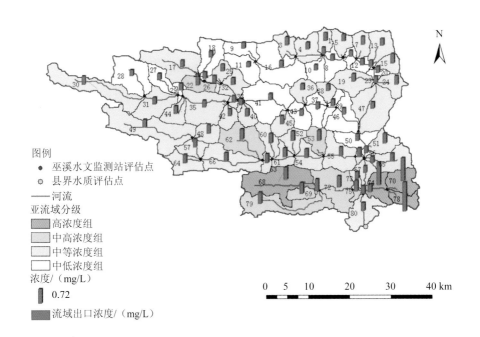

图 B-23　基于输出浓度法的优先控制区空间分布

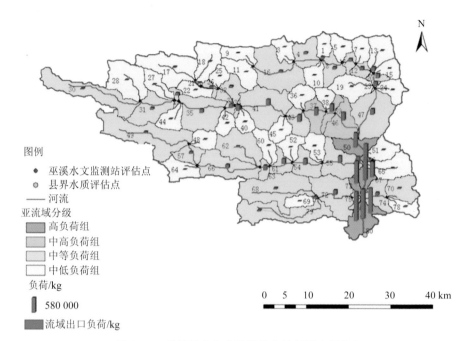

图 B-24　基于输出负荷法的优先控制区空间分布

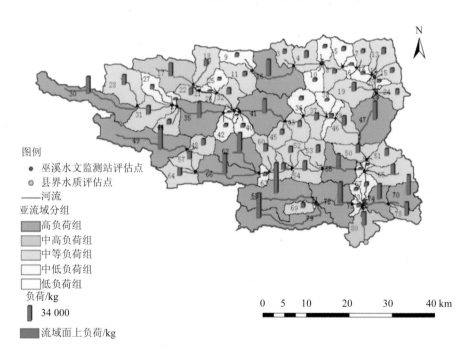

图 B-25　基于负荷产生量法的优先控制区空间分布

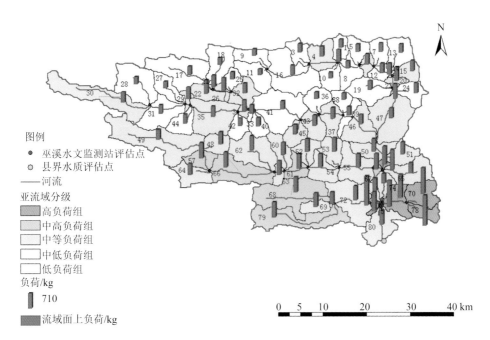

图 B-26 基于单位面积负荷产生量法的优先控制区空间分布

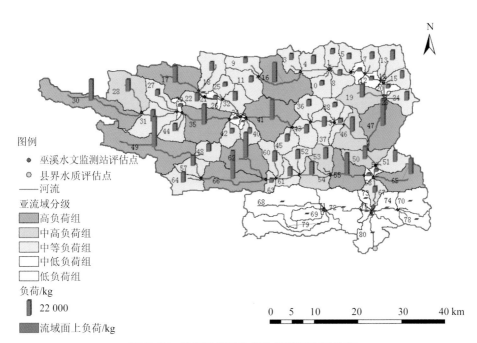

图 B-27 基于贡献量的优先控制区空间分布

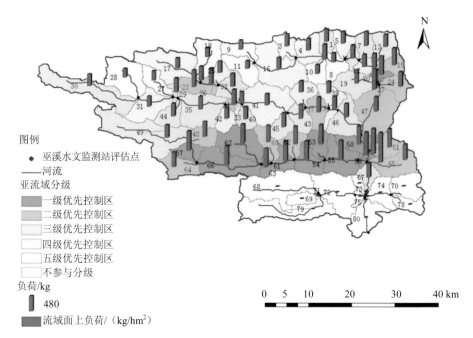

图 B-28　丰水年的优先控制区分级结果

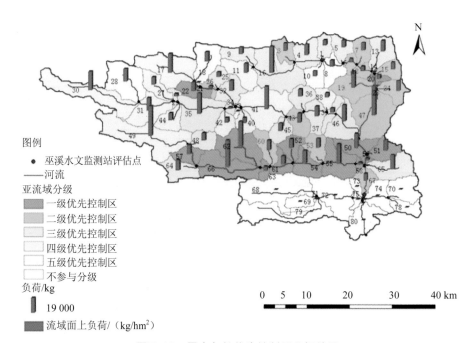

图 B-29　平水年的优先控制区分级结果

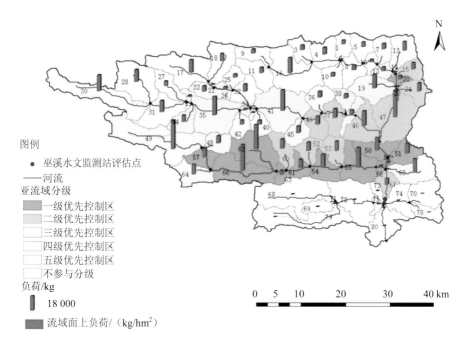

图 B-30　枯水年的优先控制区分级结果

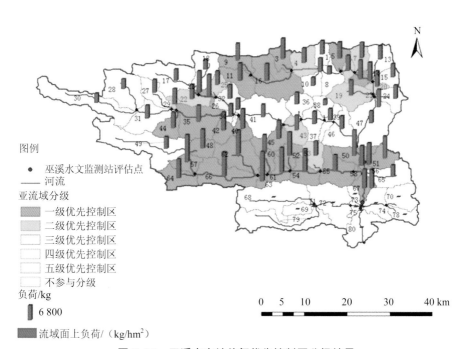

图 B-31　巫溪水文站总氮优先控制区分级结果

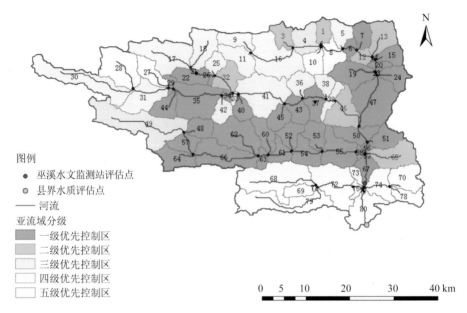

图 B-32　多污染物的优先控制区空间分布结果

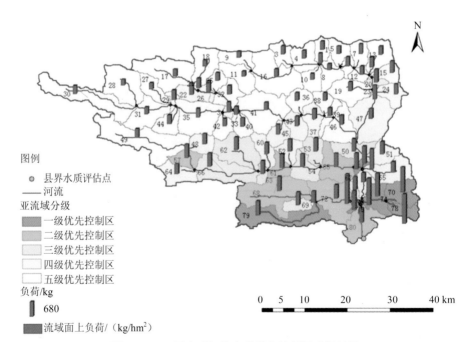

图 B-33　县界水质评估点的优先控制区分级结果

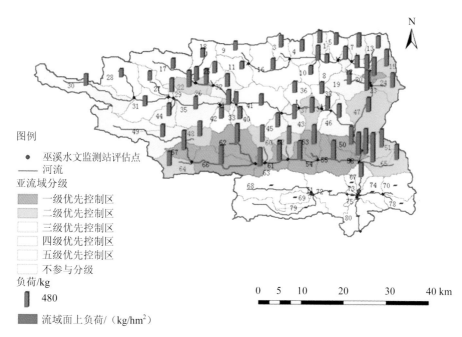

图例

• 巫溪水文监测站评估点

—— 河流

亚流域分级

■ 一级优先控制区

■ 二级优先控制区

□ 三级优先控制区

□ 四级优先控制区

□ 五级优先控制区

□ 不参与分级

负荷/kg

▮ 480

■ 流域面上负荷/（kg/hm²）

图 B-34　巫溪水文监测站评估点的优先控制区分级结果

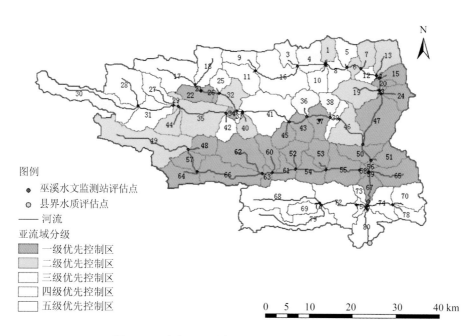

图例

• 巫溪水文监测站评估点

○ 县界水质评估点

—— 河流

亚流域分级

■ 一级优先控制区

■ 二级优先控制区

□ 三级优先控制区

□ 四级优先控制区

□ 五级优先控制区

图 B-35　考虑上下游关系的优先控制区分级结果

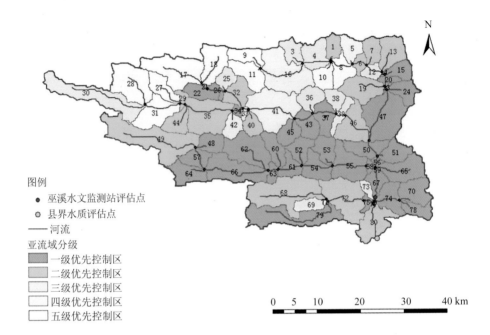

图 B-36　不考虑上下游关系的优先控制区分级结果